KB019946

큐브
밥솥 이유식

초기부터 완료기까지
쉽고 편리하게 이유식 정복!

큐브 밥솥 이유식

김정현 지음

처음에는 설렜고, 그 다음에는 걱정이 됐어요. 하다 보니 막막했어요.
이제는 다시 설렙니다.

출판사에서 편집자로 일할 때에는 꿈도 꾸지 못했던 일,
하지만 언제나 동경해 마지않았던 일은 바로 저자가 되는 것이었어요.

출판 제의를 받던 날, 설렘과 벅참,
그리고 걱정에 뒤척이던 밤이 떠오릅니다.
'내가 책을? 나처럼 평범한 아기 엄마가? 누가 내 책을 사서 볼까?'
수많은 걱정들이 꼬리에 꼬리를 물었고, 이 의문과 걱정은 책을 쓰는 내내,
사실은 프롤로그를 쓰고 있는 지금 이 시점에도 떠나지 않네요.

이런 제 마음에 용기를 불어 넣어준 편집자, 정보영 과장님과
큐브와 밥솥을 이용해 쉽고 간편하게 만드는 이유식이라는 출판 의도가
제가 만들었던 이유식과 일치하였기에 용기를 낼 수 있었어요.

출판사에서 일을 했던 경력이 있어서인지 원고 작성 및 촬영,
디자인과 이후의 후속 과정들에 있어서 상호 간의 빠른 이해와 소통이
가능했던 점도 참 큰 도움이 되었고요.

서연이는 책이 나오는 시점을 기준으로 29개월에 접어들었어요.
돌이 지난 이후부터 유아식을 병행하였고, 현재는 일반식을 먹고 있어요.
이유식을 시작하던 생후 5개월로 돌아가는 일이 생각만큼 쉽지만은 않았답니다.
이유식과 관련된 모든 기록이 담겨있는

인스타그램을 역추적하기 시작했죠.
또래 아이를 키우고 있는 육아 동지들의 댓글,
그리고 수많은 다이렉트 질문들을 찾아 모아가는 과정이 가장 힘들었어요.
다행히 정리해둔 파일과 질문들이 대부분 남아있었고,
이유식을 만들어 오면서 겪었던 수많은 시행착오의 흔적들도 찾을 수 있었답니다.
정말 소중한 자료들이 되어 주었어요.

저는 평범한 주부입니다.
파워블로거도 아니고 소위 말하는 인스타 스타도 아니에요.
다만 사진 찍고 기록하기 좋아하는, 글쓰기를 좋아하는 엄마입니다.

이 책의 모든 기준은 서연이에요.
서연이가 먹었던, 서연이에게 해줬던 그 메뉴, 그 레시피를 그대로 담았어요.
아직도 많은 질문을 받는 대표 유아식도 모았어요.

꼭 필요한 내용만 알려주고 싶었어요.
정말 쓸모 있는 책이 되었으면 했어요.
최대한 많이 모아서 정리하고 또 정리했습니다.
정말 쉽고 간편하게, 엄마의 이유식을 만들어 주고 싶었습니다.
엄마가 편하고 행복해야, 아이도 행복할 테니까요.

친정엄마가 없었다면 불가능했을 일이에요.
주말 시댁찬스가 없었다면 불가능했을 일입니다.

그리고 이 책이 가능했던 이유, 바로 우리 서연이.
서연이 엄마로 살아온 지난 3년여의 시간을 고스란히 담아
이제는 서연이 엄마가 아닌, 제 이름 석 자가 담긴 책을 냅니다.

부디 많은 엄마들에게 힘이 되어주길 바랍니다.
고맙습니다.

김정현

중기 이유식 죽

중기 이유식 1단계

중기 이유식 2단계

PART 3

후기 이유식 무른 밥

후기 이유식 1단계

후기 이유식 2단계

PART 4

완료기 이유식 &유아식

진밥류&죽류

덮밥류&볶음밥류

일품요리류

PART 5

간식

밥솥 이유식,
이것만은 알고 가요!

아가도 엄마도 처음 시작하는 이유식! 설렘 반, 걱정 반으로
책을 펼쳤을 엄마들에게 꼭 알아두어야 할 정보만 모아 보기 쉽게
쏙쏙 정리했어요. 이유식 시기별 특징은 물론 꼭 필요한 도구들,
그리고 밥솥 이유식과 큐브에 대한 모든 궁금증을 짚어 드릴게요!

초기부터 완료기까지 한눈에 보기

생후 4개월이 넘어가면 밤수도 줄어들고, 수유 텀도 잡히면서 엄마들은 수유 전쟁에서 벗어나는 시기가 와요. 100일의 기적을 조금 맛볼 즈음 첫 번째 난관이 찾아오는데, 바로 이유식! 아이가 모유나 분유가 아닌, 처음 먹는 음식인 만큼 직접 해주고 싶은 초보맘들에게는 막막하게 느껴질 수 있어요. 본격적으로 시작하기 전에 한번 읽어보면 정리가 될 거예요. 한 단계 한 단계 순서대로 준비하면 되니까 너무 겁먹지 말기! 일단 초기부터 찬찬히 읽어 보세요.

	초기	중기	후기	완료기
개월 수	4~6개월	7~9개월	10~12개월	12개월 이후
유지 기간	2개월	2~3개월	2~3개월	무관
목표	식재료 알러지 체크 숟가락 적응기 소고기 시작	본격 입자 연습 닭고기 시작	하루 3회 섭취 생선 시작	유아식과 병행 다양한 질감 도전
치아 수	0개	2~4개	4~8개	8~10개
조리 형태	미음	죽	무른 밥	진밥
섭취량	한 끼 30~80ml	한 끼 80~130ml	한 끼 130~190ml	한 끼 190~220ml
섭취 횟수	1일 1회	1일 2회	1일 3회	1일 3회
목적	간식 개념 수유량 > 이유식량		식사 개념 수유량 < 이유식량	
수유량	5회 (800~1000ml)	3~5회 (700~800ml)	2~3회 (500~700ml)	1~2회 (400ml 이하)
쌀의 입자	알갱이 없이 주르륵 흘러내리는 묽은 수프	작은 알갱이가 있으며 덩어리째 떨어지는 죽	밥알의 모양은 있으나 푹 익은 무른 밥	어른이 먹는 밥보다 질게 지어진 밥
채소의 입자	완전히 갈아 알갱이가 없는 형태	곱게 다져 자잘한 알갱이 형태	잘게 다져 작은 입자가 보이는 형태	칼로 다져 후기보다 큰 입자가 보이는 형태
소고기의 입자	삶아서 믹서에 갈아낸 가루 형태	삶아서 작게 다진 뒤 절구에 곱게 갈아낸 형태	삶은 뒤 작게 다져 알갱이가 보이는 형태	삶은 뒤 작게 다져 알갱이가 씹히는 형태

시기별 필요한 이유식 도구

블로그나 SNS에 올라오는 수많은 이유식 도구들! 처음부터 다 필요한 건지도 잘 모르겠고, 어떤 제품을 사야할지도 모르겠는 혼란의 연속이었던 기억이 나요. 이것저것 다 따라서 사뒀다가 결국 쓰지도 않는 것들도 많았답니다. 또 집에 있는 조리도구로도 충분히 대체할 수 있어요. 꼭 필요하고 자주 사용되는 것들만 모았으니 초 중 후 완 아이콘들을 살펴가며 차근차근 준비해요.

미니 밥솥

초기부터 완료기까지! 우리의 손목과 시간을 아껴줄 미니 밥솥이에요. 집집마다 있는 밥솥은 어른들 밥이 보관되어 있는 경우가 많죠. 이유식 전용 밥솥이 있는 것이 편리하답니다.

미니 믹서

이유식 재료의 양이 적기 때문에 미니 믹서를 추천하지만, 꼭 작은 사이즈가 아니어도 좋아요. 집에 믹서가 있다면 따로 구매할 필요는 없어요. 초기에는 모든 재료를 갈아서 사용하기 때문에 꼭 필요해요.

실리콘 주걱(스패출러)

요즘 집에 하나씩은 구비하고 있는 실리콘 주걱! 믹서에 간 후나 밥솥에서 완성된 이유식을 알뜰하게 꺼내고, 용기에 담을 때 편리해요. 기존에 사용하던 제품이 있다면 끓는 물에 소독 후 사용해요.

절구

믹서로는 입자 조절이 쉽지 않기 때문에 중기 초반에 특히 많이 사용해요. 후기부터는 깨를 빻을 때 쭉 사용되니 하나 구비하면 편리해요.

다지기

중기부터 빛을 발하는 다지기. 중기 이후 큐브를 만들 때 꼭 필요하답니다. 브랜드는 크게 상관이 없으니 기호에 맞게 준비하세요.

찜기

스테인리스나 실리콘 등 다양한 소재로 나와 있어요. 손잡이가 달려 있는 실리콘 제품이 편해요. 삶거나 보관이 용이한 제품을 선택하는게 좋아요.

계량 저울

이유식은 만드는 양이 적어 눈금저울보다는 전자저울이 편해요. 이유식을 먹을 만큼 소분하거나 중기 이후 큐브를 만들어 소분하는 데에도 반드시 필요해요.

칼&도마

기존에 사용하던 칼과 도마에는 짜고 매운 맛이 배어 있어 이유식 조리에 적합하지 않아요. 소독이 가능한 소재로 구매하고 고기용, 채소용 등 2~3가지로 구분하는 게 좋아요.

이유식 숟가락

다양한 숟가락을 사용해 보는 걸 추천해요. 아기들마다 맞는 형태들이 달라요. 또한 시기별로 크기도 달라지니 다양하게 장만해보세요. 물고 빨아도 안전한 실리콘 제품을 추천해요.

체

이유식 초기에 믹서에서 갈아낸 미음을 곱게 걸러주는 용도로 사용돼요. 중기에는 큐브를 만들 때 데쳐낸 채소의 물기를 빼는 용도로 사용해요. 손바닥보다 작은 크기의 촘촘한 체가 좋아요.

냄비

스테인리스 스틸 냄비를 사용해도 좋지만 환경호르몬이나 중금속 걱정이 없는 주물냄비나 법랑냄비 등도 많이 사용해요. 찜기가 들어갈 수 있는 넉넉한 사이즈가 좋아요.

이유식 보관 용기

시중에 나와 있는 다양한 밀폐용기들이 많아요. 한 끼 분량씩 소분해서 냉장 또는 냉동 보관할 수 있는 유리 제품이나 친환경 플라스틱 제품 등 엄마 취향에 따라 선택하세요.

실리콘 턱받이

목 부분이 패브릭이나 부드러운 실리콘으로 되어 있는 제품을 추천해요. 요즘은 들고 다니기에도 편하게 많이 나와요. 옷에 흐르는 걸 방지해주니 엄마 취향에 따라 준비하세요.

큐브

중기부터는 이유식에 들어가는 식재료들을 미리 손질해 큐브의 형태로 얼려둔 뒤 밥솥에 넣어준답니다. 용량은 크게 상관없으나 책에서는 레시피에 맞게 30g 용량을 선택했어요. 실리콘 재질이 얼린 내용물을 꺼내기 편리해요.

도대체
뭘 사야 하죠?

포털 사이트에 '이유식 준비물'이라고만 쳐도 쫙 나오는 무수한 정보들!
초보 엄마들의 멘붕은 끝이 없죠. 서연이도 이것저것 다양하게 많이 사용해 보았어요.
아직까지도 잘 사용하고 있는 제품들 위주로 몇 가지만 소개할게요.

미니 밥솥 → 쿠첸

미니 밥솥을 산 이유는 기존에 사용하던 6인용 밥솥 혹은 10인용 밥솥으로 이유식을 만들기에는 무리가 있다는 판단에서였어요. 어른들이 먹을 밥이 늘 있는 상태에서 이유식데이에 맞춰 매번 밥솥을 비우기 난감할 것 같았어요. 보통 사용하는 압력 전기밥솥이 아닌 기본적인 취사와 보온/재가열, 죽 모드 기능이 있는 작은 미니 밥솥을 구매해서 사용했어요. 결과는 대만족! 중간에 열어서 저어줄 수도 있어서 편리하게 사용했답니다.

실리콘 주걱 → 옥소

실리콘 주걱은 사이즈별로 2~3개 정도 있으면 좋아요. 큰 사이즈는 이유식이 완성된 밥솥을 휘휘 저어줄 때 좋고, 작은 사이즈는 이유식 용기에 소분해서 넣을 때 유용해요. 색깔별로 구분되어 있어서 세트로 구매했어요.

미니 믹서, 실리콘 찜기, 냄비

기존 주방에 있는 제품들을 사용했어요. 굳이 이유식 용도로 구매하지 않아도 괜찮아요. 어떤 브랜드를 사용해도 무관해요. 다양한 브랜드들이 있으니 엄마의 기호에 맞게 준비하세요.

이유식 용기 → 세이지스푼풀, 무인양품

초기에는 세이지스푼풀 60ml짜리 용기를 사용했지만 이유식 양이 늘어나는 중기부터는 무용지물이었어요. 같은 브랜드에서 길쭉한 형태가 나오지만 숟가락으로 이유식을 푸거나 전자레인지에 데울 때 불편했어요. 먹이기 편하고 데우기 편한 용기를 찾다가 무인양품에서 발견한 투명 용기! 눈금은 없지만 적재가 간편하고 전자레인지 사용이 가능해서 잘 사용했고, 아직도 서연이 반찬통으로 쓰고 있답니다. 이 밖에도 마더스콘, 베베락 등을 많이 사용해요.

이유식 숟가락 → 스푸니, 릿첼, 유피스

스푸니는 색감과 모양에 반해 가장 처음 구매한 제품이지만 음식물이 담기는 면적이 너무 좁고 두꺼워서 먹기 힘들어했어요. 릿첼에서는 두 가지 사이즈와 두 가지 색깔로 숟가락 세트가 나오는데 그중 분홍색을 가장 오랫동안 잘 썼어요. 얇아서 입에 쏙 들어가기 좋고, 입술이 닿는 면적도 딱 좋아요. 후기로 접어들면서 조금 더 단단한 숟가락을 찾다가 발견한 유피스는 숟가락 손잡이 부분이 단단해서 이유식을 뜨기 좋고, 앞부분은 얇고 옴폭해서 먹기 좋았어요. 후기, 완료기까지도 잘 사용했어요.

이유식 턱받이 → 옥소, 마커스앤마커스

이유식 준비물 목록에서 빠지지 않는 필수 아이템이 바로 턱받이에요. 베이비뵨 제품이 가장 유명하지만 실리콘이라 목 부분이 갑갑한 건 어쩔 수 없었어요. 피셔프라이스에서 나오는 비닐 재질의 방수 천으로 만들어진 부드러운 턱받이는 음식물을 전혀 받아내지 못해서 무용지물! 마커스앤마커스 제품은 부드러운 실리콘 재질이고, 아래쪽 음식물이 담기는 부분이 옴폭해서 좋았어요. 색깔도 알록달록하고 동물 모양이라 서연이가 엄청 좋아했어요. 또 끝없는 검색 끝에 발견하고 유레카를 외쳤던 제품은 바로, 옥소! 턱 부분은 방수 천, 하단 부분은 실리콘으로 만들어져 있어요. SNS에서 서연이가 착용하고 있는 사진으로 엄청난 문의를 받았답니다. 돌돌 말아 휴대하기도 편해요.

밥솥 이유식, 궁금한 점 다섯 가지!

쌀가루 선택부터 냄비와 밥솥, 이유식 농도 조절까지!
밥솥 이유식에 대해 제일 많이 질문받았던 세 가지 질문과
서연맘의 노하우 두 가지를 더 담아 정리했어요!

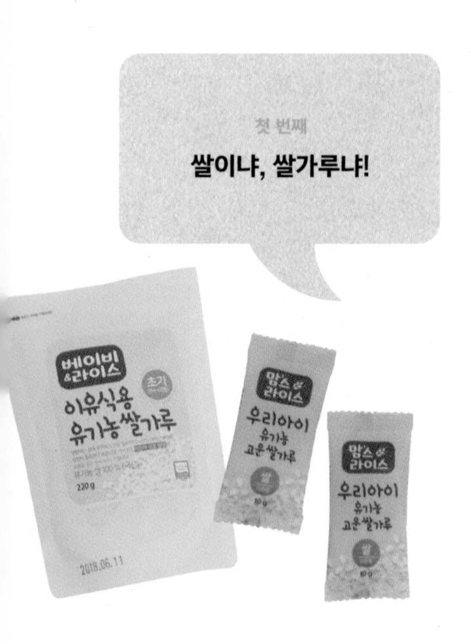

이유식 초기에는 모든 재료를 갈아줘야 해요. 시판용 쌀가루를 찬물에 고루 푼 뒤 나머지 재료들과 함께 밥솥에 넣어주면 간단해요. 일반 쌀을 사용하는 경우라면 불린 쌀을 믹서에 곱게 갈기만 하면 되니 편리하죠.
이유식 후기부터는 일반 쌀을 사용해서 이유식을 만들어요. 치아가 나오고 있기 때문에 이와 턱의 씹는 힘을 길러주고, 큰 입자감에 적응을 시켜주는 과정이에요. 초기 이유식에 어느 정도 적응을 했던 아기들은 중기부터는 입자감을 연습하게 됩니다. 시중에 나와 있는 다양한 중기 쌀가루는 일반 쌀의 1/3~1/2 크기로 잘라져서 나오는데 짧은 시간 불려서 밥솥을 이용하면 혀로 뭉그러질 정도로 충분히 익어요. 따로 으깨거나 다질 필요가 없어 편리해요. 간편하게 하고 싶다면 시판되는 중기 쌀가루를, 집에 있는 쌀로 해주고 싶다면 불린 뒤 다지는 방법을 추천해요.

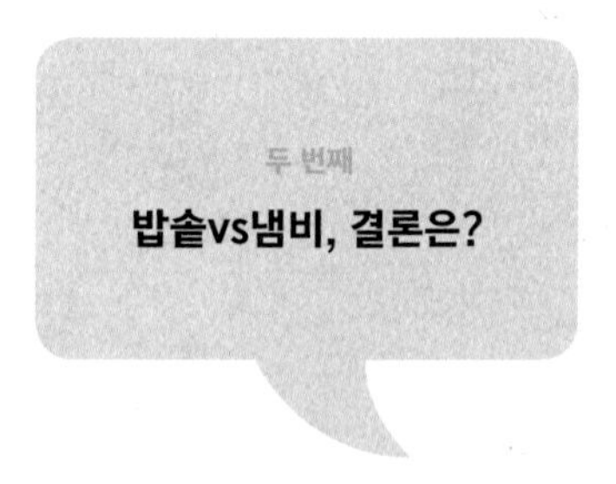

책에서는 초기부터 완료기까지 밥솥으로만 이유식을 만들어요. 다만, 초기 이유식의 경우 만드는 양이 적고 모든 재료를 곱게 갈아 금방 익히면 완성되는 형태라 냄비를 이용해도 크게 번거롭지 않아요. 하지만 중기 이유식부터는 하루 두 번 먹게 되고, 입자감이 생기기 때문에 재료들도 푹 익어야 해서 냄비를 사용할 경우 불앞에 서 있는 시간이 너무 길어져요. 계속 저어줘야 하는 단점도 있고, 자칫 눌어붙을 우려도 있답니다.
중기 이유식부터는 큐브를 이용해서 밥솥에 넣고 버튼만 눌러서 완성할 거예요. 내열 용기를 이용하여 두 가지 이유식을 동시에 완성할 수도 있어서 편리하답니다. 우리 엄마들 손목을 지켜줄 뿐만 아니라 완성되는 동안 아기와의 소중한 시간도 놓치지 않을 수 있어요.

세 번째

밥솥을 꼭 사야 해요?

보통 가정집에 구비되어 있는 4~6인용 전기밥솥은 성인들이 먹는 밥을 한 뒤 하루 이틀 정도 보온을 하는 용도로 사용되죠. 밥솥 이유식을 하기로 마음먹었다면 미니 밥솥을 하나 구비하는 게 편해요. 초기에는 미니 밥솥을 이용하고, 중기부터는 미니 밥솥과 기존 전기밥솥을 함께 사용해서 두 가지를 한 번에 만들 수 있어요. 게다가 하루 3회 먹는 후기 이유식부터는 기존 전기밥솥 안에 내열 용기를 넣어 두 가지를 만들고, 미니 밥솥으로 한 가지를 만들 수 있어 한 번에 세 가지 이유식을 완성할 수 있어요.

네 번째

농도 조절이 힘들어요!

밥솥 이유식이 편리한 점 중 하나가 바로 농도 조절이에요. 책에서는 일관된 레시피를 제시하긴 하지만 제각기 다른 식재료로 데치고, 다지고, 계량하기 때문에 완성된 이유식의 양이나 농도가 약간씩 달라질 수 있어요. 미니 밥솥은 중간중간 열어서 저어줄 수 있어서 농도를 확인할 수 있어요. 만약 조금 되직하다면 물을 첨가해주거나 완성된 이유식에 물을 조금 첨가해 데우면 된답니다. 만약 너무 묽다면 재가열/보온 버튼을 한 번 더 눌러보세요.

다섯 번째

세척은 어떻게 하나요?

냄비를 사용할 경우 아기 전용 세제를 넣고 설거지하면 되지만 밥솥을 이용할 경우 세척이 신경 쓰이는 것이 사실! 제가 사용했던 쿠첸 미니 밥솥은 자동세척 기능이 있어요. 내솥에 표시된 1인분 양의 물을 넣고 자동세척 버튼을 누르면 된답니다. 그 밖의 밥솥 뚜껑 안쪽 커버를 분리해서 씻을 수도 있고 물받이도 수시로 비워 닦아주세요.

큐브에 대한 모든 것

이유식에 들어가는 식재료를 그때그때 손질하는 것은 식재료 사용이 적은 초기 이유식까지만 해요. 중기부터는 고기와 채소가 골고루 들어가는 죽 형태의 이유식을 만들게 되는데 이때부터 큐브가 빛을 발하게 돼요. 미리 만들어 놓은 큐브를 밥솥에 넣고 버튼만 누르면 끝! 밥솥 이유식의 장점을 최대한으로 누리기 위한 필수 선택, 바로 큐브랍니다.

큐브, 어떻게 만들죠?

대부분의 큐브는 재료를 익혀서 만들어요. 아기들이 섭취하는 중기 이유식은 모든 재료가 과하다시피 푹 익어야 해요. 아직 치아가 나지 않아 잇몸으로 씹어 삼키는 시기라서 입자감이 거의 없어야 한답니다. 밥솥을 통해 1시간씩 죽 모드를 이용해 익히지만, 조금 더 무른 입자감을 위해 모든 재료는 다 익혀서 만들어 두는 것이 안전해요. 익히는 방법은 뿌리채소의 경우 찌는 방법을, 잎채소의 경우 데치는 방법을 사용했어요.

큐브, 크기는 상관없나요?

책에서는 30g짜리 큐브를 기준으로 만들어요. 1회 10g씩 섭취하며, 총 3회 분량의 레시피를 제안해요. 물론 시중에 판매되는 다양한 크기의 큐브를 사용해도 무관해요. 만약 15g짜리 큐브라면 두 개를 넣으면 된답니다. 또 식재료에 따라서도 한 칸에 30g이 들어가지 않을 수도 있어요. 이런 경우 15g씩 소분해두면 계량이 편리해요.

큐브, 냉동 보관 기간은요?

만들어 둔 큐브는 2~4주 내에 소진하는 것이 좋아요. 하루 정도 냉동한 큐브는 틀에서 빼내어 지퍼백에 넣고 밀봉하여 냉동 보관합니다. 당근 1개, 애호박 1개 등의 작은 단위로 큐브를 만든다면 2~4주 내에 충분히 소진하게 돼요. 처음부터 너무 많은 양의 채소를 큐브로 만들어둘 필요는 없어요.

▸ 큐브데이, 육수데이

큐브를 만들어서 냉장고 앞에 리스트를 만들었어요. 한쪽으로 길게 식재료 리스트를 작성하고 큐브 개수를 써두는 거죠. 하나씩 하나씩 꺼내서 사용할 때마다 체크를 하면 몇 개가 남아있는지 알 수 있어요. 1~2개가 남았을 때가 바로 큐브데이! 비슷한 양으로 1~2개 남은 식재료들을 모아서 큐브를 다시 만들었어요. 처음에는 모든 식재료를 다 만들어둬야 해서 조금 힘들지만 빨리 소진되는 큐브를 조금씩 모아 만드니 시간도 오래 걸리지 않았어요. 물론 육수도 마찬가지! 2~3일 전에 육수데이를 만들어서 소고기와 닭고기 육수를 만들고 남은 고기로 고기 큐브까지 만들면 편리해요.

이유식 재료 궁합&
시기별 이유식 식재료

다양한 식재료를 섭취함으로써 올바른 신체 발달과 성장을 이루게 하고, 더불어 일반식 이전에 저작 운동을 원활하게 하기 위한 연습 과정인 이유식! 식단표를 짤 때 가장 고려해야 할 사항이 바로 시기별 섭취할 수 있는 식재료랍니다. 대부분의 채소들은 서로 잘 어우러지지만 꼭 피해야 할 조합이 있으니 유념해 두세요!

꼭 알아둬야 할 이유식 재료 궁합

식재료	좋은 궁합	안 좋은 궁합
소고기	브로콜리, 비타민, 시금치, 표고버섯, 당근, 애호박, 양배추, 팽이버섯, 새송이버섯, 콩나물, 아욱, 무, 두부, 배, 참기름	고구마, 부추, 밤
닭고기	브로콜리, 시금치, 팽이버섯, 당근, 표고버섯, 단호박, 고구마, 청경채, 비트, 콩나물, 부추, 밤	자두
돼지고기	감자, 무, 양파, 부추, 표고버섯	버터, 도라지
흰 살 생선	당근, 양파, 완두콩, 브로콜리	옥수수

월령별 섭취 가능 식재료

		곡류	채소류	육류	생선류
초기	생후 4개월	쌀, 찹쌀, 차조	감자, 고구마, 애호박, 단호박		
	생후 5개월		브로콜리, 양배추, 청경채		
	생후 6개월	현미, 보리, 수수	오이	소고기	
중기	생후 7개월		양송이버섯, 새송이버섯, 양파 콜리플라워, 비타민, 가지, 당근	닭고기	
	생후 8개월		팽이버섯, 시금치, 두부, 연두부, 적채, 비트, 무, 배추		
후기	생후 9개월	검은깨, 참깨, 들깨	연근, 우엉, 부추, 숙주나물, 파프리카, 표고버섯, 미역		대구살, 광어살
	생후 10개월	검은콩, 완두콩, 밤	콩나물, 아스파라거스		연어
완료기	생후 11개월				새우
	생후 12개월				오징어, 전복
	돌 이후	돼지고기, 달걀흰자, 꿀			

Part 1

초기 이유식 미음

처음 시작하는 우리 아기 이유식!

모유나 분유와 가장 흡사한 농도의 '미음'으로 시작해요.

책에서는 밥솥으로 간편하고

빠르게 만드는 방법을 소개할게요. 요리 초보도 걱정하지 마세요.

아기를 생각하는 엄마의 마음만 있다면 충분하니까요!

Point

기본 정보 알고 가기

스케줄	오전 10시 하루 1회/공복일 때 혹은 배가 고프기 전
섭취량	1단계 30~60ml → 2단계 50~80ml 1회당
수유량	800~1,000ml 하루 4~5회

초기 이유식 시작 시기

초기 이유식은 보통 생후 4~5개월 정도에 시작해요. 완모 아가의 경우 생후 6개월부터, 완분 아가의 경우에는 조금 더 일찍 시작해요. 태어나서 모유나 분유, 즉 액체류만 섭취하던 아기가 처음으로 모유나 분유가 아닌 음식을 먹게 되는, 참으로 의미 있는 시작이죠. **이 시기의 이유식은 모유나 분유로 충분한 영양소를 섭취하고 있는 시기이기 때문에 이유식 양은 사실 크게 의미가 없어요.** 초기 이유식의 목적은 첫째, 엄마의 젖꼭지나 젖병이 아닌 숟가락에 적응하는 것과 둘째, 기본 식재료들에 대한 알레르기 테스트를 하는 것에 의미를 두도록 해요. 잘 먹지 않는다고 걱정하지 않아도 괜찮아요. 천천히 아기가 적응할 수 있도록 도와주세요.

초기 이유식 식단

한 가지 재료를 3일 정도 먹여보는 것이 기본이에요. 혹시 모를 알레르기에 대비하는 과정이에요. 순서는 크게 중요하지 않지만 쌀부터 시작해서 차근차근 한 가지씩 채소를 더해 만들어 보세요. 초기 이유식의 모든 재료는 익힌 뒤 갈아서 만들어요. 체에 한번 걸러 주는 것도 잊지 마세요.
쌀을 기본으로 채소를 하나씩 추가하는 초기 1단계를 한 달 정도, 소고기가 추가되는 2단계를 한 달 정도 시행해요. 자, 이제 본격적으로 시작해 볼까요?

보관 및 해동 방법

완성된 이유식은 한 김 식혀 이유식 용기에 소분합니다. 이때 3일 내에 먹을 거라면 냉장 보관, 그 이상이라면 냉동 보관을 권해요. 냉장 보관한 이유식은 먹이기 전 뚜껑을 열어 전자레인지에서 30초~1분가량 데워 줍니다. **그릇 표면만 데워지고 속은 차가울 수 있으니 중간에 한번 섞어주고, 먹이기 전 온도 체크하는 것도 잊지 마세요.** 냉동한 이유식이라면 냉장실에서 하루 정도 자연해동한 후 전자레인지에 데워요. 만약 시간이 없다면 전자레인지에 있는 해동 기능을 사용해도 좋아요.

소고기의 중요성

아기는 태어난 지 6개월 정도가 되면 엄마의 몸으로부터 받아 나온 철분이 부족해지기 시작해요. 이유식을 시작하는 시기는 조금씩 달라질 수 있지만 **늦어도 생후 6개월부터는 반드시 소고기를 섭취해야 해요.** 철분이 부족하면 빈혈에 걸리기 쉬워요. 철분을 가장 많이 섭취할 수 있는 식재료는 육류! 그중에서도 알레르기 요소가 적은 소고기를 꾸준히 섭취하는 것이 중요해요. 보통 초기 1단계 한 달을 진행한 뒤 2단계부터 사용하는데, 이유식을 늦게 시작한다면 쌀미음 테스트 후 바로 소고기를 추가한 이유식을 진행해도 무방해요.

소고기 부위는요? → 사태, 안심, 우둔살!

초기 2단계에 사용되는 소고기는 사태, 안심, 우둔살, 설도 등 기름기가 적은 부위를 구매하세요. 핏기 없이 완전히 푹 익히는 것이 원칙! 소고기미음을 시작했을 때 아기가 거부 반응이 있다면 부위를 바꿔 보는 것을 추천할게요. 덩어리로 구매해도 좋고, 다짐육을 구매해도 무방합니다.

소고기 보관법은요? → 소분해서 냉동 보관!

미음을 1회 3일치 분량을 만들 때 총 20g이 사용해요. 한 달 식단표에 맞추면 총 10회 분량, 즉 200g이 필요해요. 정육점에서 원하는 부위로 200g을 구매한 뒤 실리콘 큐브에 20g씩 소분해 얼려두세요. 필요할 때 하나씩 꺼내서 찬물에 20분 정도 담가두면 핏물도 빠지고 자연해동도 된답니다. 초기 이유식은 모든 재료를 갈아서 만들기 때문에 지금부터 큐브를 만들 필요는 없어요.

초기 이유식

1단계

5~6month

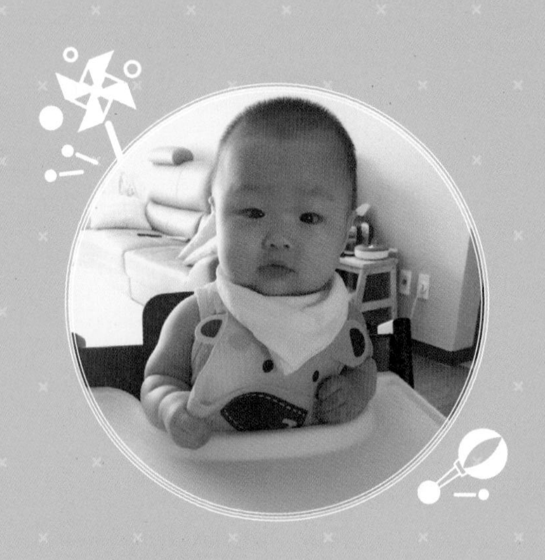

한국인의 주식인 **쌀을 기본**으로,

모든 재료를 갈아서 만드는 **미음이 초기 이유식 1단계**입니다.

모든 재료는 찌거나 혹은 데쳐서 갈아낸 뒤 밥솥에 넣어요.

채소는 물에 담가 삶는 것보다 찌는 것이 영양소 손실이 적은 편이라

찜기를 사용하는 방법을 소개합니다. 하지만 편의를 위해

채소를 삶아서 익혀도 무관하니 크게 구애받지 마세요.

초기 이유식 1단계 한 달 식단표

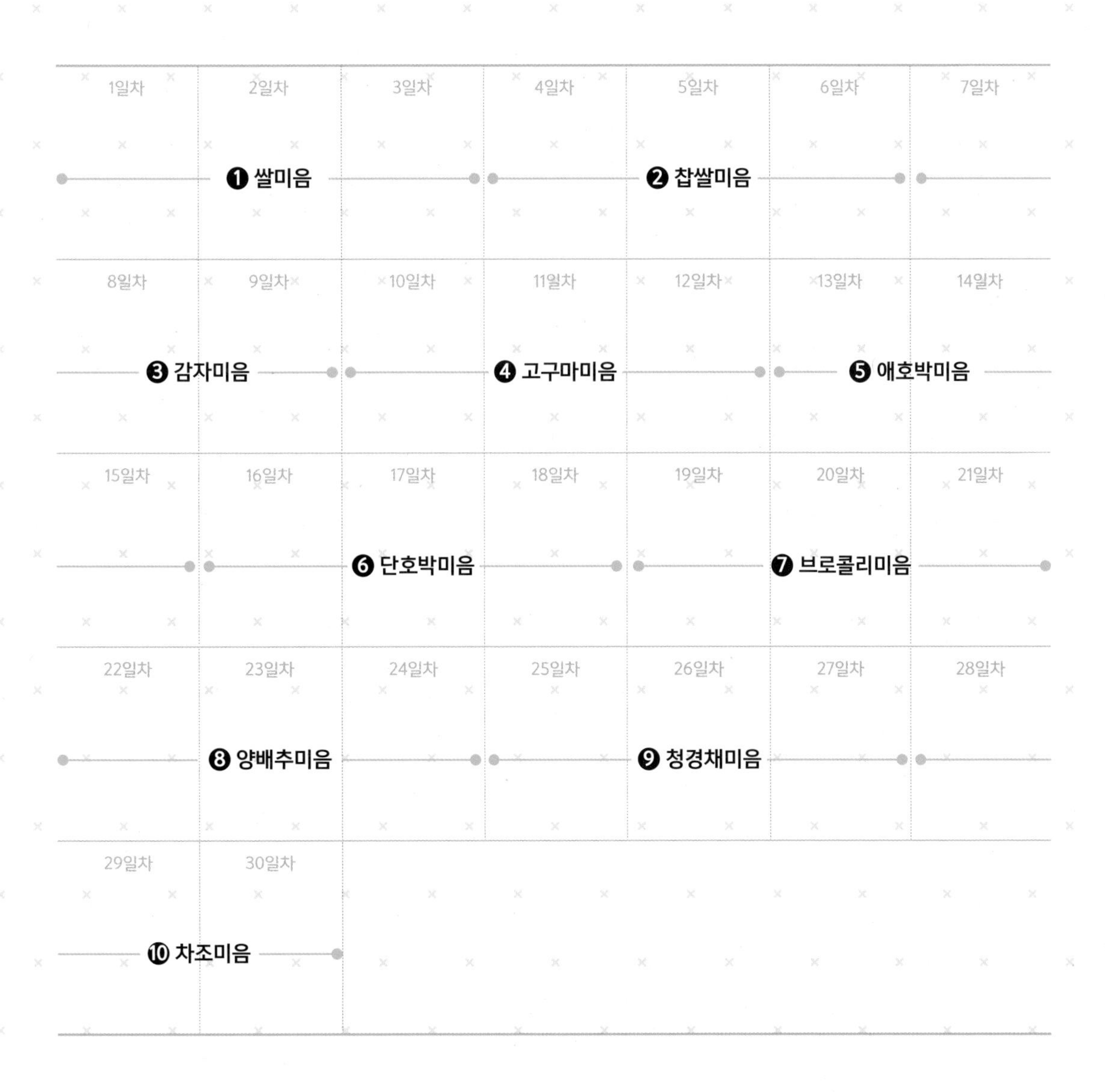

60ml씩
3회 분량

초기
1단계

쌀미음

가장 처음 맛보게 되는 쌀이에요. 초기 쌀가루는 반드시 찬물로 섞어주세요. 따뜻한 물에 개면 뭉치게 된답니다. 가장 궁금한 점이 농도일 텐데요. 불린 쌀의 경우 10배 죽, 초기 쌀가루로 만들 경우 20배 죽으로 만들면 적당해요. 쌀(쌀가루):물의 비율만 기억하세요.

Ingredients

- 초기 쌀가루 10g
- 찬물 200ml

- 미니 밥솥
- 믹서
- 저울
- 스패출러
- 이유식 용기

1 믹서에 초기 쌀가루, 찬물을 넣어 고루 섞어요.

2 밥솥에 모두 붓고 보온/재가열 버튼을 2회(30분 소요) 눌러요.

3 완성된 이유식을 스패출러로 고루 섞어요.

4 60ml씩 3회 분량으로 소분하여 냉장 보관해요.

60ml씩

3회 분량

초기

1단계

찹쌀미음

쌀미음에 3일 동안 적응했다면 이번에는 찹쌀미음을 도전해요. 찹쌀은 잘 불려서 갈아도 되지만 시중에 판매되는 찹쌀가루를 사용했어요. 쌀미음과 마찬가지로 따뜻한 물이 아닌 찬물에 섞어주는 것 잊지 마세요.

- 찹쌀가루 10g
- 찬물 200ml

- 미니 밥솥
- 믹서
- 저울
- 스패출러
- 이유식 용기

1 믹서에 찹쌀가루, 찬물을 넣어 고루 섞어요.

2 밥솥에 모두 붓고 보온/재가열 버튼을 2회(30분 소요) 눌러요.

3 완성된 이유식을 스패출러로 고루 섞어요.

4 60ml씩 3회 분량으로 소분하여 냉장 보관해요.

초기

1단계

60ml씩

3회 분량

감자미음

소화에 도움을 주는 감자를 이유식 첫 번째 채소로 사용했어요. 잎채소보다는 열매채소가 위장을 더 편안하게 해준다고 해요. 감자는 찌거나 삶은 뒤 잘 으깨서 곱게 갈아주세요. 혹시 남아있는 입자가 있을 수 있으니 체에 걸러주세요.

Ingredients

- 감자 10g
- 초기 쌀가루 10g
- 찬물 200ml

- 미니 밥솥
- 믹서
- 저울
- 찜기
- 스패출러
- 체
- 이유식 용기

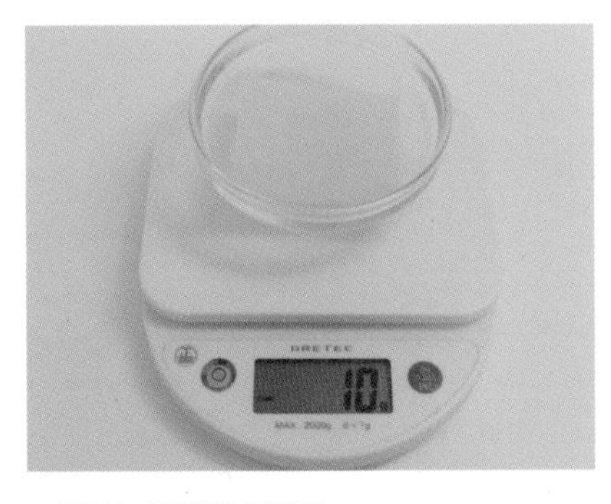

1 감자는 껍질을 벗겨요.

2 찜기에 손질한 감자를 넣고 5분 정도 쪄요.

3 믹서에 감자, 초기 쌀가루, 찬물을 넣어 곱게 갈아요.

4 밥솥에 모두 붓고 보온/재가열 버튼을 2회(30분 소요) 눌러요.

5 완성된 이유식을 스패출러로 고루 섞어요.

6 체에 한번 걸러낸 뒤 60ml씩 3회 분량으로 소분하여 냉장 보관해요.

60ml씩
3회 분량

고구마미음

생각만 해도 달콤할 것 같은 고구마미음. 노란 빛깔부터 입맛을 당기죠.
서연이도 감자미음과 고구마미음을 아주 맛있게 먹었답니다. 고구마 역시
섬유질이 많은 채소이므로 체에 꼭 걸러주세요.

Ingredients

- 고구마 10g
- 초기 쌀가루 10g
- 찬물 200ml

- 미니 밥솥
- 믹서
- 저울
- 찜기
- 스패출러
- 체
- 이유식 용기

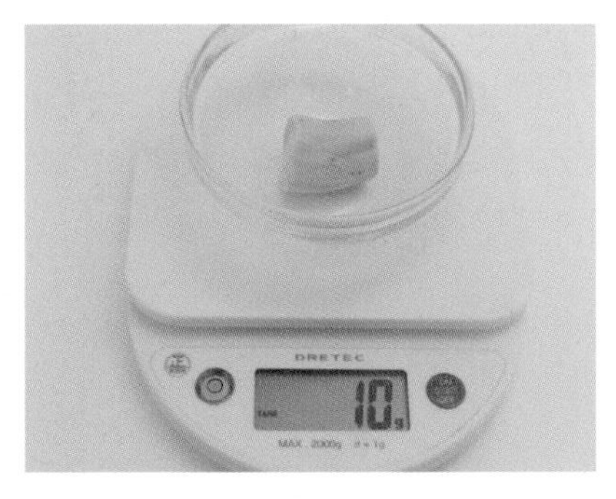

1 고구마는 껍질을 벗겨요.

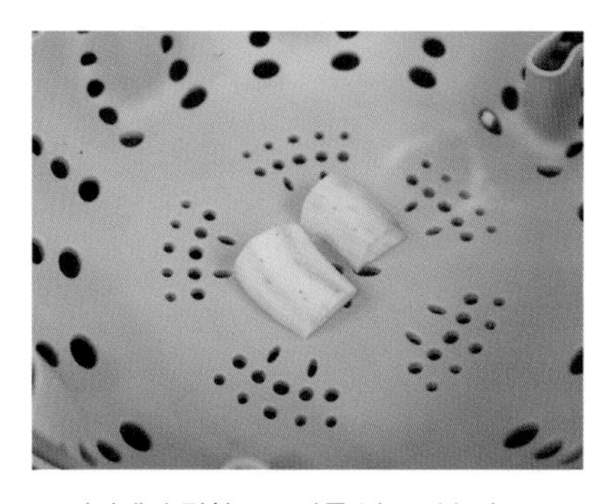

2 찜기에 손질한 고구마를 넣고 5분 정도 쪄요.

3 믹서에 고구마, 초기 쌀가루, 찬물을 넣어 곱게 갈아요.

4 밥솥에 모두 붓고 보온/재가열 버튼을 2회(30분 소요) 눌러요.

5 완성된 이유식을 스패출러로 고루 섞어요.

6 체에 한번 걸러낸 뒤 60ml씩 3회 분량으로 소분하여 냉장 보관해요.

60ml씩
3회 분량

애호박미음

애호박은 영양소가 풍부하고, 소화가 잘 되는 식재료 중 하나예요.
다양한 채소와도 거부감 없이 잘 어우러진답니다. 애호박의 껍질은 쓴맛이 날 수 있으니
벗겨내고, 가운데 있는 씨 역시 도려내고 사용합니다.

Ingredients

- 애호박 10g
- 초기 쌀가루 10g
- 찬물 200ml

- 미니 밥솥
- 믹서
- 저울
- 찜기
- 스패출러
- 체
- 이유식 용기

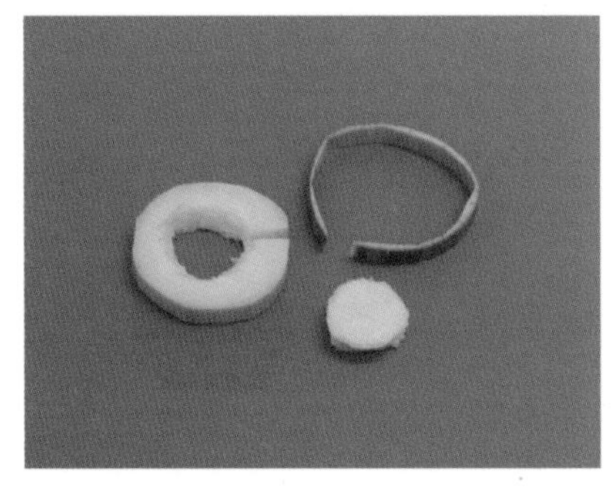

1 애호박은 껍질을 벗겨낸 뒤 씨를 도려내요.

2 찜기에 애호박을 넣고 5분 정도 쪄요.

3 믹서에 애호박, 초기 쌀가루, 찬물을 넣어 곱게 갈아요.

4 밥솥에 모두 붓고 보온/재가열 버튼을 2회(30분 소요) 눌러요.

5 완성된 이유식을 스패출러로 고루 섞어요.

6 체에 한번 걸러낸 뒤 60ml씩 3회 분량으로 소분하여 냉장 보관해요.

60ml씩
3회 분량

단호박미음

단호박은 위장을 튼튼하게 해주는 고마운 식재료 중 하나예요. 아기들의 소화 및 흡수에도 탁월하며, 영양까지 가득하답니다. 단호박을 자르는 것이 어렵다면 통째로 쪄낸 뒤 썰어도 좋아요. 남은 단호박은 샐러드를 만들어 어른들 반찬으로 사용하면 좋아요.

Ingredients

- 단호박 10g
- 초기 쌀가루 10g
- 찬물 200ml

- 미니 밥솥
- 믹서
- 저울
- 찜기
- 스패출러
- 체
- 이유식 용기

1 단호박은 반으로 갈라 씨를 긁어낸 뒤 껍질을 깎아요.

2 찜기에 손질한 단호박을 넣고 5분 정도 쪄요.

3 믹서에 단호박, 초기 쌀가루, 찬물을 넣어 곱게 갈아요.

4 밥솥에 모두 붓고 보온/재가열 버튼을 2회(30분 소요) 눌러요.

5 완성된 이유식을 스패출러로 고루 섞어요.

6 체에 한번 걸러낸 뒤 60ml씩 3회 분량으로 소분하여 냉장 보관해요.

60ml씩
3회 분량

브로콜리미음

브로콜리는 비타민 C, 칼슘, 칼륨, 철분 등이 풍부해요.
생후 6개월부터는 철분이 많이 부족해지므로 초기 이유식부터
꾸준히 섭취할 수 있도록 도와주세요. 베이킹소다나 식초, 칼슘파우더 등으로
깨끗하게 세척하는 것도 잊지 마세요.

Ingredients

- 브로콜리 10g
- 초기 쌀가루 10g
- 찬물 200ml

- 미니 밥솥
- 믹서
- 저울
- 찜기
- 스패출러
- 체
- 이유식 용기

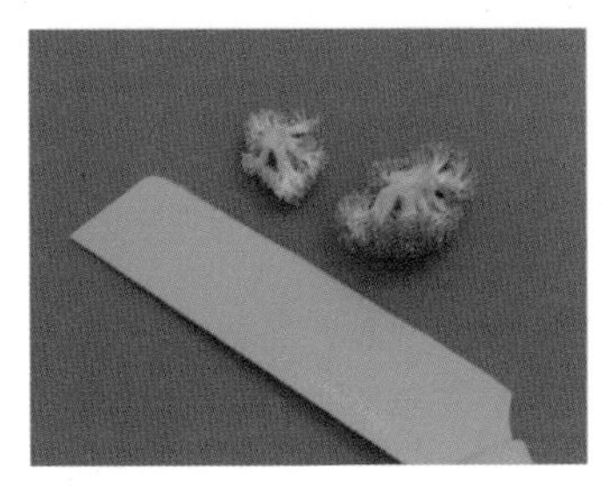

1 브로콜리는 줄기 부분은 제거하고 꽃 부분만 준비해요.

2 손질한 브로콜리에 적당량의 찬물과 베이킹소다를 넣고 5분 정도 담군 뒤 헹궈요.

3 끓는 물에 브로콜리를 넣고 5분 정도 삶아요.

4 믹서에 브로콜리, 초기 쌀가루, 찬물을 넣어 곱게 갈아요.

5 밥솥에 모두 붓고 보온/재가열 버튼을 2회(30분 소요) 눌러요.

6 완성된 이유식을 스패출러로 고루 섞어요.

7 체에 한번 걸러낸 뒤 60ml씩 3회 분량으로 소분하여 냉장 보관해요.

60ml씩
3회 분량

양배추미음

양배추는 위장 기능에 좋은 영향을 주는 채소에요.
줄기는 단단해서 질기기 때문에 잘라내고 잎만 사용해요. 섬유질이 많아
변비에도 도움을 줄 뿐만 아니라 다양한 식재료와 궁합이 좋아요.

Ingredients

- 양배추 10g
- 초기 쌀가루 10g
- 찬물 200ml

- 미니 밥솥
- 믹서
- 저울
- 찜기
- 스패출러
- 체
- 이유식 용기

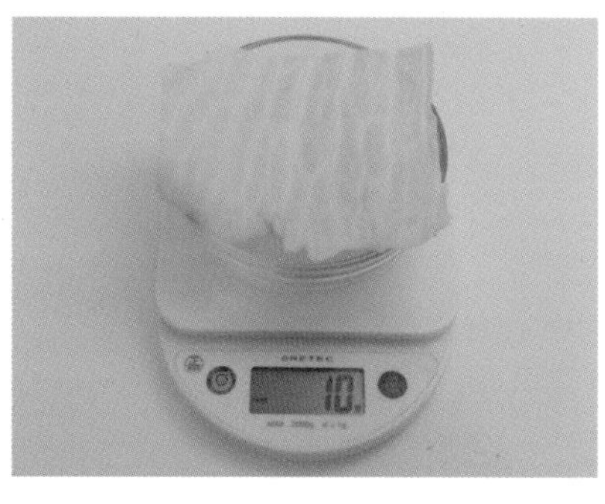

1 양배추는 잎을 떼어낸 뒤 두꺼운 심지를 제거해요.

2 찜기에 손질한 양배추를 넣고 5분 정도 쪄요.

3 믹서에 양배추, 초기 쌀가루, 찬물을 넣고 곱게 갈아요.

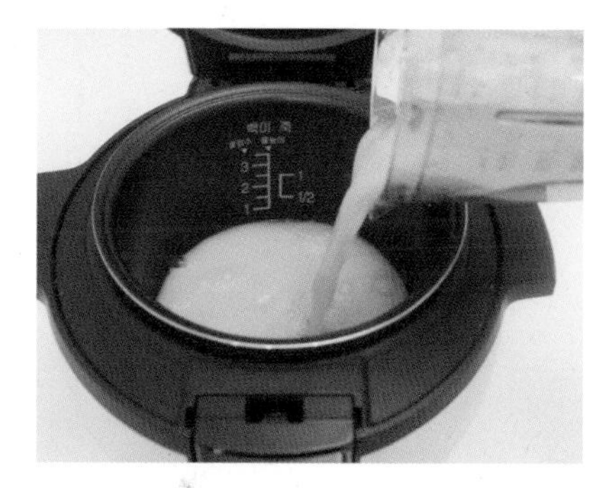

4 밥솥에 모두 붓고 보온/재가열 버튼을 2회(30분 소요) 눌러요.

5 완성된 이유식을 스패출러로 고루 섞어요.

6 체에 한번 걸러낸 뒤 60ml씩 3회 분량으로 소분하여 냉장 보관해요.

60ml씩

3회 분량

청경채미음

청경채는 향이 강한 채소 중 하나로 초기 이유식 1단계 후반에 사용했어요.
줄기 부분은 V자 모양으로 잘라내고 잎 부분만 사용해요. 혹시 아기가 거부한다면
향 때문일 가능성이 커요. 이때는 단호박이나 고구마, 배 등을 갈아 섞어주면 잘 먹을 거예요.

Ingredients

- 청경채 10g
- 초기 쌀가루 10g
- 찬물 200ml

- 미니 밥솥
- 믹서
- 저울
- 찜기
- 스패출러
- 체
- 이유식 용기

1 청경채는 깨끗이 씻은 뒤 줄기는 제거하고 잎 부분만 준비해요.

2 끓는 물에 청경채를 넣고 2~3분간 데친 뒤 물기를 꼭 짜요.

3 믹서에 청경채, 초기 쌀가루, 찬물을 넣어 곱게 갈아요.

4 밥솥에 모두 붓고 보온/재가열 버튼을 2회(30분 소요) 눌러요.

5 완성된 이유식을 스패출러로 고루 섞어요.

6 체에 한번 걸러낸 뒤 60ml씩 3회 분량으로 소분하여 냉장 보관해요.

초
기
1단계

60ml씩
3회 분량

차조미음

쌀과 찹쌀에 이어 새롭게 시도하는 곡식, 차조예요. 차조는 소화가 잘 되고 알레르기 요소가 거의 없는 곡식으로 영양이 풍부하고 성장에 도움을 준답니다. 특히 구토를 했을 때 속을 편안하게 해준다고 하니 차조를 꼭 구비해 두세요.

Ingredients

- 차조 10g
- 초기 쌀가루 10g
- 찬물 200ml

- 미니 밥솥
- 믹서
- 저울
- 찜기
- 스패출러
- 체
- 이유식 용기

1 차조를 깨끗하게 씻어 찬물에 담가 1시간 이상 불린 뒤 체에 밭쳐 물기를 빼요.

2 믹서에 차조, 초기 쌀가루, 찬물을 넣어 곱게 갈아요.

3 밥솥에 모두 붓고 보온/재가열 버튼을 2회(30분 소요) 눌러요.

4 완성된 이유식을 스패출러로 고루 섞어요.

5 체에 한번 걸러낸 뒤 60ml씩 3회 분량으로 소분하여 냉장 보관해요.

초기 이유식

2단계

6~7month

2단계부터는 **소고기가 추가**됩니다.

새로운 식재료는 오이와 배예요. 아기는 태어난 지 6개월이 되면

엄마의 몸으로부터 받아 나온 **철분이 부족**해지기 시작해요.

반드시 6개월부터는 소고기를 섭취해야 해요. 완모 아기의 경우

6개월부터 이유식을 시작하게 된다면 1단계부터 소고기를 넣어도 좋아요.

개월 수에 맞춰 충분히 조절 가능합니다.

초기 이유식 2단계 한 달 식단표

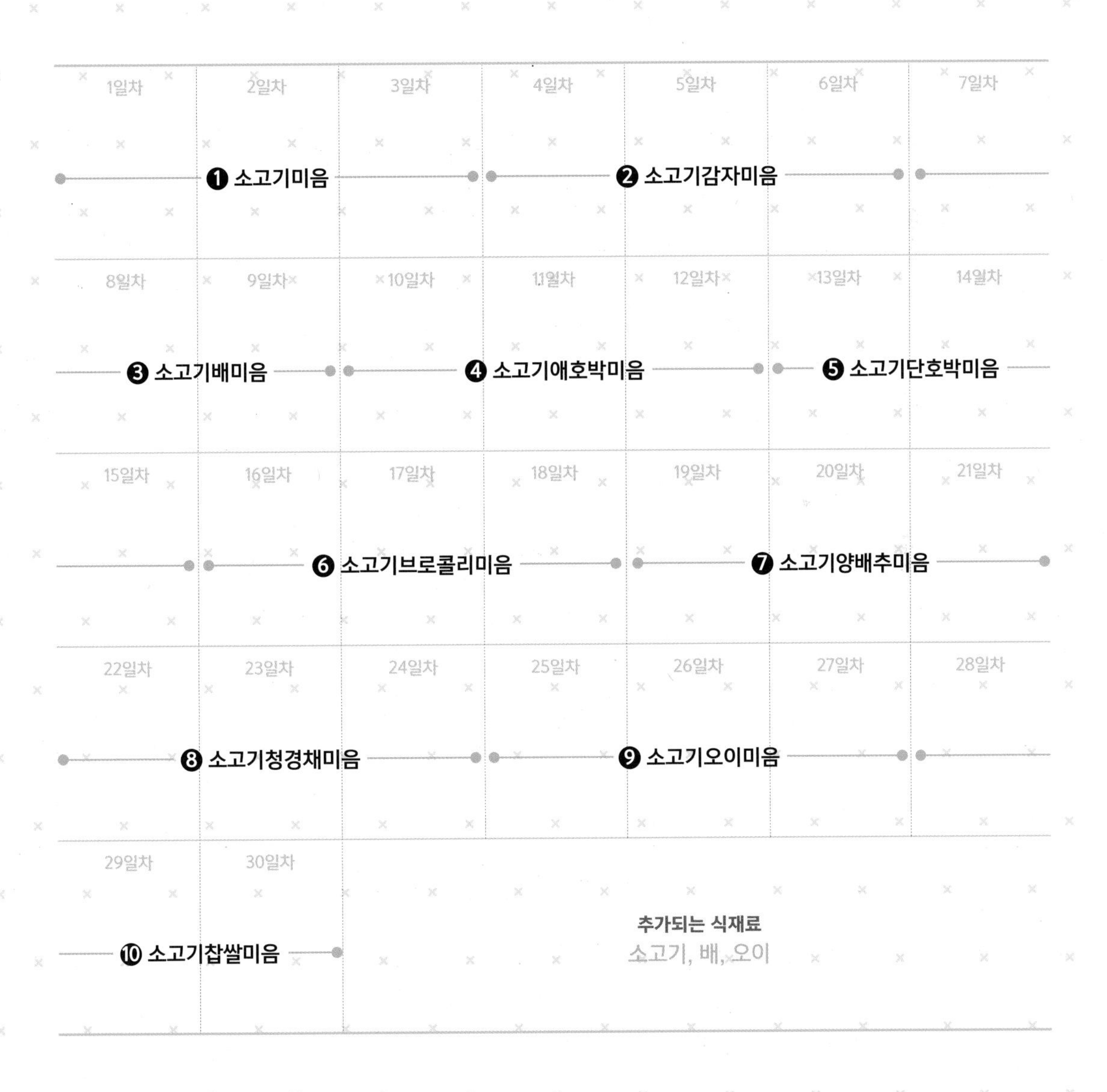

60ml씩
3회 분량

소고기미음

붉은 살코기인 소고기에는 철분과 필수아미노산이 풍부하게 들어있어요.
늦어도 생후 6개월부터는 반드시 섭취할 수 있도록 해주세요.
핏물을 충분히 빼줘야 특유의 누린내가 덜 하답니다.

Ingredients

- 소고기 20g
- 초기 쌀가루 10g
- 찬물 200ml

—

- 미니 밥솥
- 믹서
- 저울
- 찜기
- 스패출러
- 체
- 이유식 용기

1 소고기는 찬물에 20분간 담가 핏물을 제거해요.

2 냄비에 소고기가 잠길 만큼 물을 넣고 5분 정도 끓여 푹 익혀요.

3 믹서에 익힌 소고기, 초기 쌀가루, 찬물을 넣어 곱게 갈아요.

4 밥솥에 모두 붓고 보온/재가열 버튼을 2회(30분 소요) 눌러요.

5 완성된 이유식을 스패출러로 고루 섞어요.

6 체에 한번 걸러낸 뒤 60ml씩 3회 분량으로 소분하여 냉장 보관해요.

TIP 소고기 끓인 물은 어떻게 해요?

초기에 사용되는 소고기는 아주 적은 양이에요. 냄비에 적당량의 물을 붓고 소고기를 익혀내면 물은 많이 졸아든 상태랍니다. 그 양이 많지 않고 초기에는 굳이 소고기육수를 사용하지 않아도 돼요. 책에서는 소고기를 끓여낸 물은 버리고 찬물로 이유식을 만들어요. 만약 소고기를 끓여낸 물을 사용하고 싶다면 꼭 식혀서 사용하세요. 따뜻한 상태로 사용하면 쌀가루가 뭉쳐버리거든요.

60ml씩
3회 분량

소고기감자미음

소고기미음에 아무 탈 없이 적응했다면 지금부터는 초기 1단계에서 사용했던
기본 채소들을 하나씩 섞어서 만들도록 해요. 소고기와 감자는 궁합이 좋은 식재료예요.
소고기에 부족한 비타민과 섬유소를 감자로 채워줄 수 있답니다.

Ingredients

- 소고기 20g
- 감자 10g
- 초기 쌀가루 10g
- 찬물 200ml

- 미니 밥솥
- 믹서
- 저울
- 찜기
- 스패출러
- 체
- 이유식 용기

1 소고기는 찬물에 20분간 담가 핏물을 제거해요.

2 감자는 껍질을 벗긴 뒤 찜기에서 5분 정도 쪄요.

3 냄비에 소고기가 잠길 만큼 물을 넣고 5분 정도 끓여 푹 익혀요.

4 믹서에 감자, 익힌 소고기, 초기 쌀가루, 찬물을 넣어 곱게 갈아요.

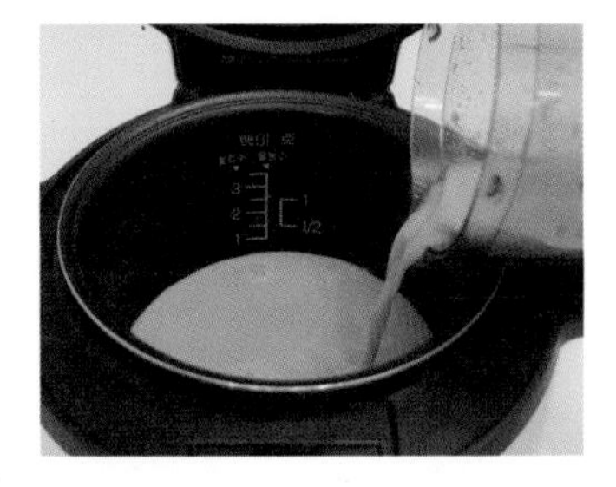

5 밥솥에 모두 붓고 보온/재가열 버튼을 2회(30분 소요) 눌러요.

6 완성된 이유식을 스패출러로 고루 섞어요.

7 체에 한번 걸러낸 뒤 60ml씩 3회 분량으로 소분하여 냉장 보관해요.

60ml씩
3회 분량

소고기배미음

배는 달고 시원한 성질이 있어요. 사과와 더불어 아이가 가장 먼저 먹을 수 있는 과일이기도 하죠. 기관지에 좋은 작용을 하는 것은 물론 연육 효소가 들어있어 고기와 환상의 궁합을 자랑한답니다.

Ingredients

- 소고기 20g
- 배 10g
- 초기 쌀가루 10g
- 찬물 200ml

- 미니 밥솥
- 믹서
- 저울
- 찜기
- 스패출러
- 체
- 이유식 용기

1 소고기는 찬물에 20분간 담가 핏물을 제거해요.

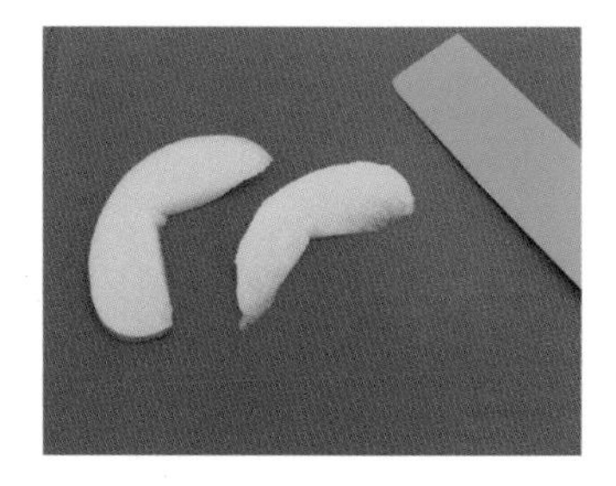

2 배는 껍질을 벗겨요.

3 냄비에 소고기가 잠길 만큼 물을 넣고 5분 정도 끓여 푹 익혀요.

4 믹서에 배, 익힌 소고기, 초기 쌀가루, 찬물을 넣어 곱게 갈아요.

5 밥솥에 모두 붓고 보온/재가열 버튼을 2회(30분 소요) 눌러요.

6 완성된 이유식을 스패출러로 고루 섞어요.

7 체에 한번 걸러낸 뒤 60ml씩 3회 분량으로 소분하여 냉장 보관해요.

60ml씩
3회 분량

소고기애호박미음

애호박 역시 다양한 육류와 잘 어울리는 식재료 중 하나예요. 생후 6개월부터는
소고기를 매일 섭취하는 것이 중요해요. 다양한 채소들과 함께 만들어서
풍부한 영양소를 골고루 섭취할 수 있도록 도와주세요.

Ingredients

- 소고기 20g
- 애호박 10g
- 초기 쌀가루 10g
- 찬물 200ml

- 미니 밥솥
- 믹서
- 저울
- 찜기
- 스패출러
- 체
- 이유식 용기

1 소고기는 찬물에 20분간 담가 핏물을 제거해요.

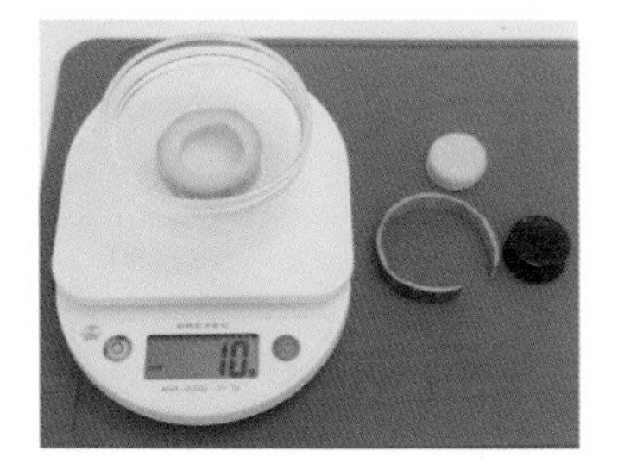

2 애호박은 껍질을 벗기고 씨를 도려내요.

3 손질한 애호박을 찜기에서 5분 정도 쪄요.

4 냄비에 소고기가 잠길 만큼 물을 넣고 5분 정도 끓여 푹 익혀요.

5 믹서에 애호박, 익힌 소고기, 초기 쌀가루, 찬물을 넣어 곱게 갈아요.

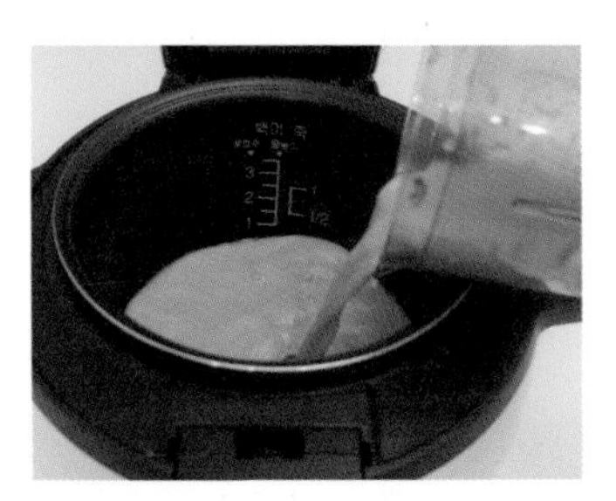

6 밥솥에 모두 붓고 보온/재가열 버튼을 2회(30분 소요) 눌러요.

7 완성된 이유식을 스패출러로 고루 섞어요.

8 체에 한번 걸러낸 뒤 60ml씩 3회 분량으로 소분하여 냉장 보관해요.

60ml씩
3회 분량

소고기단호박미음

노란 색깔이 입맛을 자극하는 소고기단호박미음! 단호박은 한 개를 사도 양이 많기 때문에 아이 간식으로 단호박퓌레를 만들거나 어른 요리로 단호박샐러드에 활용하면 좋아요.

Ingredients

- 소고기 20g
- 단호박 10g
- 초기 쌀가루 10g
- 찬물 200ml

- 미니 밥솥
- 믹서
- 저울
- 찜기
- 스패출러
- 체
- 이유식 용기

1 소고기는 찬물에 20분간 담가 핏물을 제거해요.

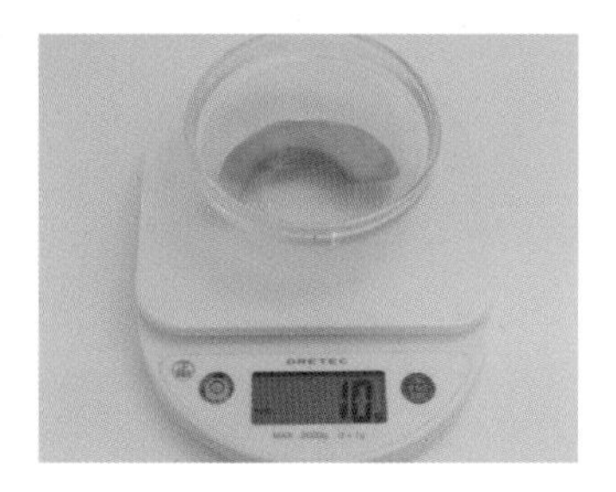

2 단호박은 반으로 갈라 씨를 긁어낸 뒤 껍질을 깎아요.

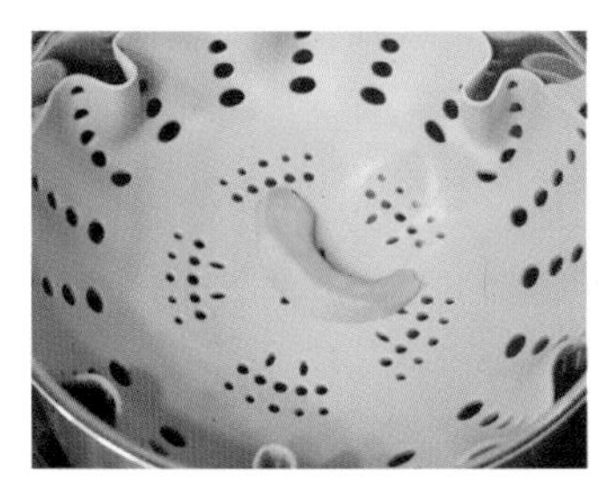

3 손질한 단호박을 찜기에서 5분 정도 쪄요.

4 냄비에 소고기가 잠길 만큼 물을 넣고 5분 정도 끓여 푹 익혀요.

5 믹서에 단호박, 익힌 소고기, 초기 쌀가루, 찬물을 넣어 곱게 갈아요.

6 밥솥에 모두 붓고 보온/재가열 버튼을 2회(30분 소요) 눌러요.

7 완성된 이유식을 스패출러로 고루 섞어요.

8 체에 한번 걸러낸 뒤 60ml씩 3회 분량으로 소분하여 냉장 보관해요.

60ml씩
3회 분량

소고기브로콜리미음

비타민과 무기질이 풍부한 브로콜리! 성인에게도 참 좋은 채소 중 하나예요.
브로콜리는 왁스로 코팅이 되어 있기 때문에 베이킹소다나 칼슘파우더를 이용해서
깨끗하게 손질해 주세요.

Ingredients

- 소고기 20g
- 브로콜리 10g
- 초기 쌀가루 10g
- 찬물 200ml

- 미니 밥솥
- 믹서
- 저울
- 찜기
- 스패출러
- 체
- 이유식 용기

1 소고기는 찬물에 20분간 담가 핏물을 제거해요.

2 브로콜리는 줄기 부분을 제외하고 꽃 부분만 손질하여 적당량의 찬물과 베이킹소다를 넣고 5분간 담군 뒤 헹궈요.

3 끓는 물에 브로콜리를 넣고 5분 정도 삶아요.

4 냄비에 소고기가 잠길 만큼 물을 넣고 5분 정도 끓여 푹 익혀요.

5 믹서에 브로콜리, 익힌 소고기, 초기 쌀가루, 찬물을 넣어 곱게 갈아요.

6 밥솥에 모두 붓고 보온/재가열 버튼을 2회(30분 소요) 눌러요.

7 완성된 이유식을 스패출러로 고루 섞어요.

8 체에 한번 걸러낸 뒤 60ml씩 3회 분량으로 소분하여 냉장 보관해요.

60ml씩
3회 분량

소고기양배추미음

아이의 위장은 성인의 위장보다 기능이 떨어져요. 그래서 초기 이유식에서는 모든 재료를 갈아서 소화와 흡수를 도와준답니다. 양배추는 위장 기능을 튼튼하게 만들어주는 참 착한 식재료랍니다. 영양도 풍부하고 소화까지 잘 되니 일석이조!

Ingredients

- 소고기 20g
- 양배추 10g
- 초기 쌀가루 10g
- 찬물 200ml

- 미니 밥솥
- 믹서
- 저울
- 찜기
- 스패출러
- 체
- 이유식 용기

1 소고기는 찬물에 20분간 담가 핏물을 제거해요.

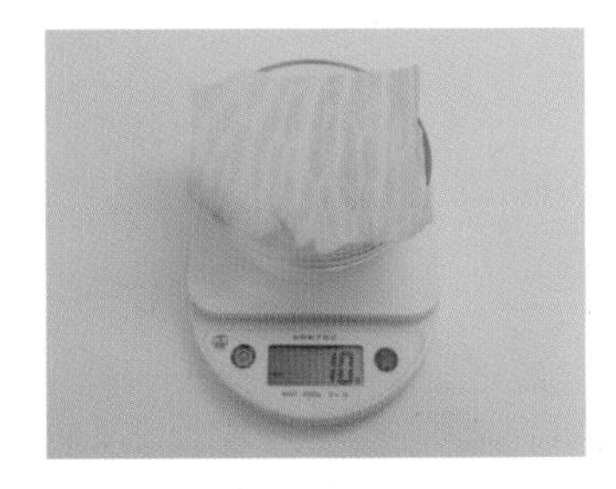

2 양배추는 잎만 떼어낸 뒤 두꺼운 심지를 제거해요.

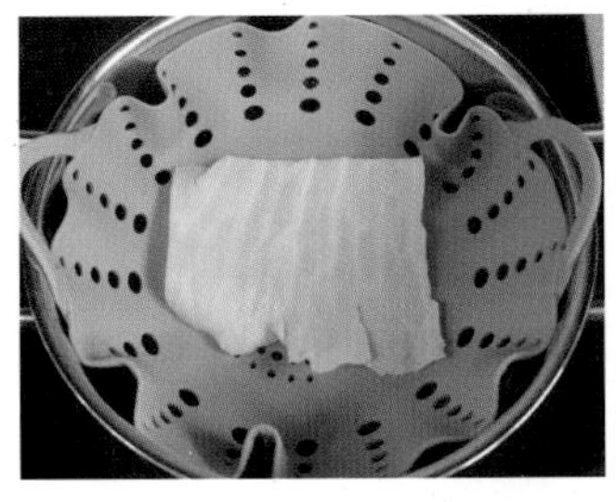

3 손질한 양배추를 찜기에서 5분 정도 쪄요.

4 냄비에 소고기가 잠길 만큼 물을 넣고 5분 정도 끓여 푹 익혀요.

5 믹서에 양배추, 익힌 소고기, 초기 쌀가루, 찬물을 넣어 곱게 갈아요.

6 밥솥에 모두 붓고 보온/재가열 버튼을 2회(30분 소요) 눌러요.

7 완성된 이유식을 스패출러로 고루 섞어요.

8 체에 한번 걸러낸 뒤 60ml씩 3회 분량으로 소분하여 냉장 보관해요.

60ml씩
3회 분량

소고기청경채미음

아이는 어른보다 맛과 향에 민감하기 마련이에요. 향이 강한 채소는 거부할 수 있어요.
1단계 이유식 때 청경채미음을 잘 먹지 않았던 아이라도 소고기가 들어가
맛과 향이 한층 부드러워진 미음을 잘 먹어줄 거예요.

Ingredients

- 소고기 20g
- 청경채 10g
- 초기 쌀가루 10g
- 찬물 200ml

- 미니 밥솥
- 믹서
- 저울
- 찜기
- 스패출러
- 체
- 이유식 용기

1 소고기는 찬물에 20분간 담가 핏물을 제거해요.

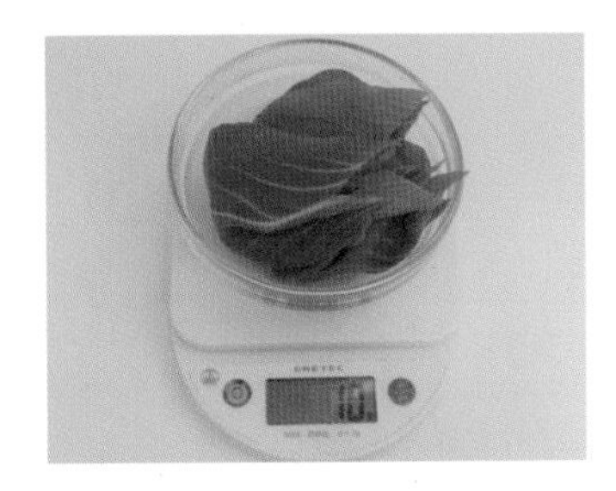

2 청경채는 줄기를 제거하고 잎 부분만 준비해요.

3 끓는 물에 청경채를 2~3분간 데친 뒤 꼭 짜요.

4 냄비에 소고기가 잠길 만큼 물을 넣고 5분 정도 끓여 푹 익혀요.

5 믹서에 청경채, 익힌 소고기, 초기 쌀가루, 찬물을 넣어 곱게 갈아요.

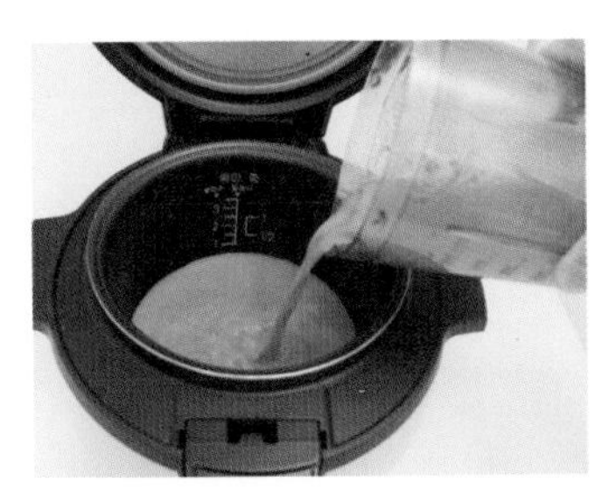

6 밥솥에 모두 붓고 보온/재가열 버튼을 2회(30분 소요) 눌러요.

7 완성된 이유식을 스패출러로 고루 섞어요.

8 체에 한번 걸러낸 뒤 60ml씩 3회 분량으로 소분하여 냉장 보관해요.

60ml씩

3회 분량

소고기오이미음

새롭게 추가되는 식재료 오이에요. 오이는 씨 부분이 물이 많아 소화를 방해할 수 있으니 꼭 제거해 주세요. 향이 강해 거부하는 아이가 있을 수 있어요. 만약 아이가 거부한다면 양을 반으로 줄여서 시도해 보세요. 소고기의 양을 더 늘려서 오이의 향을 조금 누르는 방법도 있어요. 비타민 C가 풍부해 포기하기 아까운 식재료랍니다.

Ingredients

- 소고기 20g
- 오이 10g
- 초기 쌀가루 10g
- 찬물 200ml

- 미니 밥솥
- 믹서
- 저울
- 찜기
- 스패출러
- 체
- 이유식 용기

1 소고기는 찬물에 20분간 담가 핏물을 제거해요.

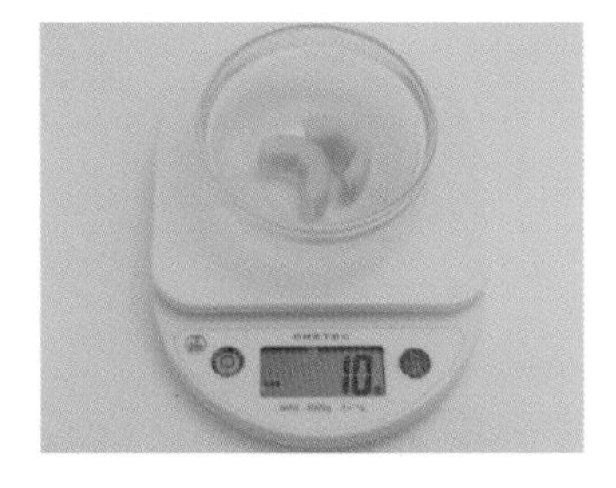

2 오이는 껍질을 제거한 뒤 씨를 제거해요.

3 끓는 물에 오이를 넣고 3분 정도 끓여요.

4 냄비에 소고기가 잠길 만큼 물을 넣고 5분 정도 끓여 푹 익혀요.

5 믹서에 오이, 익힌 소고기, 초기 쌀가루, 찬물을 넣어 곱게 갈아요.

6 밥솥에 모두 붓고 보온/재가열 버튼을 2회(30분 소요) 눌러요.

7 완성된 이유식을 스패출러로 고루 섞어요.

8 체에 한번 걸러낸 뒤 60ml씩 3회 분량으로 소분하여 냉장 보관해요.

60ml씩
3회 분량

소고기찹쌀미음

찹쌀은 위장을 편안하게 해주는 곡물이에요. 소고기뿐만 아니라 닭고기와도
잘 어울린답니다. 소고기와 만나 맛이 한층 더 고소해요.
맛도 영양도 풍부하게 만들어 주세요.

Ingredients

- 소고기 20g
- 찹쌀가루 10g
- 초기 쌀가루 10g
- 찬물 200ml

- 미니 밥솥
- 믹서
- 저울
- 찜기
- 스패출러
- 체
- 이유식 용기

1 소고기는 찬물에 20분간 담가 핏물을 제거해요.

2 냄비에 소고기가 잠길 만큼 물을 넣고 5분 정도 끓여 푹 익혀요.

3 믹서에 익힌 소고기, 찹쌀가루, 초기 쌀가루, 찬물을 넣어 곱게 갈아요.

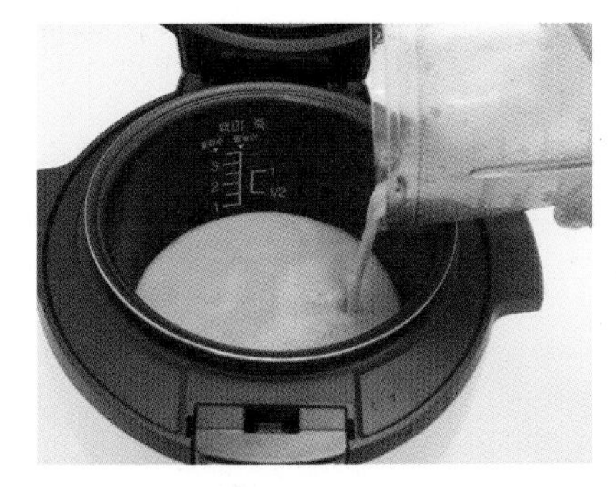

4 밥솥에 모두 붓고 보온/재가열 버튼을 2회(30분 소요) 눌러요.

5 완성된 이유식을 스패출러로 고루 섞어요.

6 체에 한번 걸러낸 뒤 60ml씩 소분하여 냉장 보관해요.

Part 2

중기 이유식
죽

밥솥을 이용해서 초기 이유식을 클리어 한 초보맘들!

두 달 동안의 연습을 통해 어느 정도 밥솥 사용에 대한 감을 익혔을 거예요.

자, 본격적인 이유식은 지금부터랍니다.

큐브와 육수를 이용한 밥솥 이유식의 진가가 발휘되는 순간이에요!

Point

기본 정보 알고 가기

스케줄	오전 10시, 오후 2시 하루 2회
섭취량	1단계 80~100ml → 2단계 100~120ml 1회당
수유량	700~800ml 하루 3~4회

미음에서 죽으로

초기 이유식을 통해 다양한 기본 채소들에 대한 적응은 마쳤어요.
중기 이유식부터는 본격적으로 육류가 사용됩니다. **생후 6개월이 지나면 빈혈 예방을 위해 철분 섭취에 신경을 써야 해요.** 붉은 고기와 함께 채소류도 많이 먹어야 철분 흡수가 잘 된답니다.
미음에서 죽으로 변화되며 농도가 되직해지고 입자감도 생기는 시기예요.
믹서에 모두 넣고 갈아버리는 것이 아닌 절구나 다지기가 많이 사용되는 시기랍니다.
초기 이유식에서 중기 이유식으로 들어서는 이 시기가 이유식 전체 과정을 봤을 때 가장 많은 변화가 있어요. **물만 사용했던 이유식에서 이제는 육수가 사용되고, 소고기에 이어 닭고기가 추가되는 때가 바로 중기예요.** 치아도 하나씩 올라오는 시기이므로 적당한 입자감을 통해 잇몸의 힘을 길러줄 필요가 있어요.
쌀의 경우 작은 알갱이의 형태로 조각난 쌀알을 사용해요. 책에서는 시판되는 중기 쌀가루를 이용해서 만들지만 쌀알을 불린 뒤 다져서 사용해도 무방해요.
엄마의 편의에 맞게 사용해요.

육류 사용 방법

소고기에 닭고기를 추가해서 하루 두 끼 다른 이유식을 제공하는 것이 좋아요. 한 끼는 소고기죽, 나머지 한 끼는 닭고기죽을 기본 식단 구성으로 잡고 궁합에 맞는 채소들을 하나씩 넣어 가면 됩니다.
더불어 중기부터는 육수를 사용해서 맛과 영양을 더하게 됩니다. 소고기죽에는 소고기육수를, 닭고기죽에는 닭고기육수를 사용해요. 두 가지 육수 만드는 방법과 보관법, 밥솥 이유식의 백미인 큐브 만들기도 함께 소개합니다.

첫 번째 고비 "왜 안 먹죠?"

위에서도 언급했다시피 이유식에서 가장 극적인 변화가 일어나는 시기가 바로 중기예요. 아이 입장에서는 모유나 분유, 그와 흡사한 질감의 미음을 먹다가 갑자기 뭔가 되직한 덩어리가 들어오는 거죠. 게다가 뭐가 씹히기까지 하고 삼켜도 입안에 남아있고, 그래서 잇몸까지 간지럽고 그야말로 총체적 난국!
초기 이유식 때 꿀떡꿀떡 잘 받아먹던 아이들이 갑자기 헛구역질을 하는 것도 어찌 보면 당연한 일이겠죠.
갑자기 바뀌어버린 농도, 그리고 입자감이 문제! 이럴 때는 두 가지 방법이 있어요. 초기 이유식처럼 20배 죽으로 농도를 묽게 유지하면서 입자감을 조금씩 줄 것이냐, 아니면 입자감 없이 다 갈아버리되 농도를 12배 죽으로 되직하게 할 것이냐의 선택이랍니다.
만약 이유식 거부 사태가 나타난다면 두 가지를 반드시 조절해 보세요. 갑작스러운 변화에는 아이들도 적응할 시간이 필요하니까요. 조금 되직해져서 더 잘 먹는 아기들도 있고, 안 삼키고 뱉어 버리는 아기들도 있거든요. 우리 아기의 성향과 입맛을 찬찬히 살펴 주세요.

육수와 큐브 만들기

중기 이유식부터는 육수를 사용해서 이유식을 만들어요.
육류의 영양소는 물론 채소의 영양소까지 골고루 섭취할 수 있어서 더 맛있는 이유식이 된답니다.
아이들의 미각도 점점 발달되어 가는 과정이니 맛과 영양을 모두 갖추는 게 좋겠죠?
육수는 미리 만들어 식힌 뒤 이유식을 한 번 만들 분량으로 소분하여 냉동합니다.
육수를 만들 때 넣은 채소는 너무 물러져서 사용하지 않아요.
하지만 닭고기와 소고기는 큐브로 만들어 이유식에 사용할 거예요.
맛있는 육수와 함께 푹 익은 상태라서 이유식 재료로 손색이 없답니다.
육질이 단단해져서 칼로 다지기는 어려우니 믹서를 이용해 갈아요.
냉동할 때에는 육수를 한 숟가락씩을 넣어 얼려요.

육수 보관은 모유저장팩!

육수는 이유식 1회 만들 분량만큼 소분해요. 이때 편리한 것이 바로 모유저장팩! 세울 수 있고, 용량도 적당해서 추천해요. 만약 가지고 있는 모유저장팩이 300ml가 아니라면 150ml씩 소분해서 냉동하고 두 개씩 사용해요. 모유저장팩이 아니더라도 육수 전용으로 나온 육수저장팩도 있어요.
냉동한 육수는 뜯어서 밥솥에 바로 넣어 사용해요. 추후 후기 이유식에서 밥솥 내열 용기를 사용해 두 가지 이유식을 하나의 밥솥에서 만들 때에는 해동 후 액체 상태로 사용하지만 중기 이유식에서는 냉동 상태로 넣어도 문제없답니다.

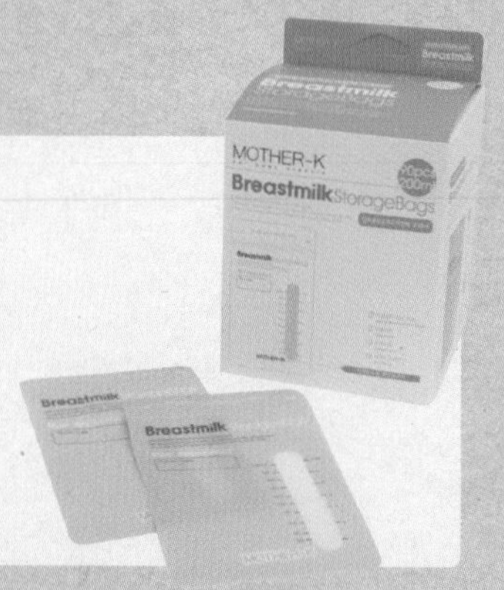

소고기육수

준비물 → 소고기(우둔살 혹은 홍두깨살) 600g, 무 150g, 양파 1개, 표고버섯 4~5개, 물 3,000ml
완성량 → 약 2,000ml

1 소고기는 기름기를 제거한 뒤 찬물에 1시간 이상 담가 핏물을 빼요.

2 무와 표고버섯은 껍질 째, 양파는 껍질을 벗겨서 준비해요.

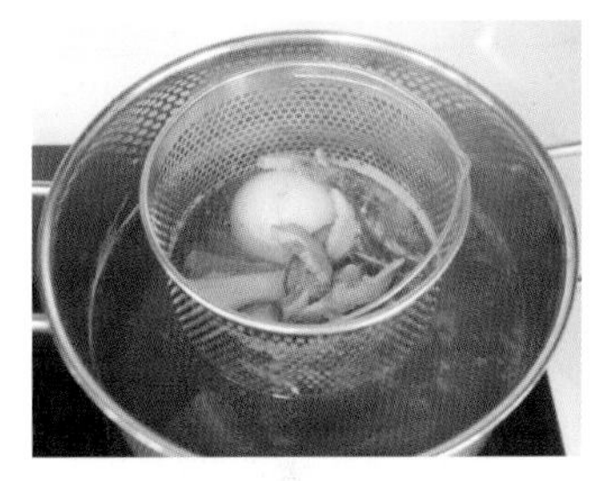

3 큰 냄비에 모든 재료를 넣고 센 불에서 끓인 뒤 끓어오르면 약불로 줄여 1시간 정도 끓여요.

4 한 김 식힌 뒤 채소와 고기는 건져내고 육수를 냉장실에 1~2시간 정도 보관해요.

5 냉장실에서 꺼내 육수에 떠있는 기름을 걷어내요.

6 건져낸 채소는 버리고, 소고기는 적당한 크기로 썰어 믹서에 넣어 곱게 갈아요.

7 소고기는 큐브에 30g씩 담은 뒤 육수를 한 숟가락 넣어 하루 정도 냉동해요. 지퍼백에 옮겨 밀봉한 뒤 냉동 보관해요.

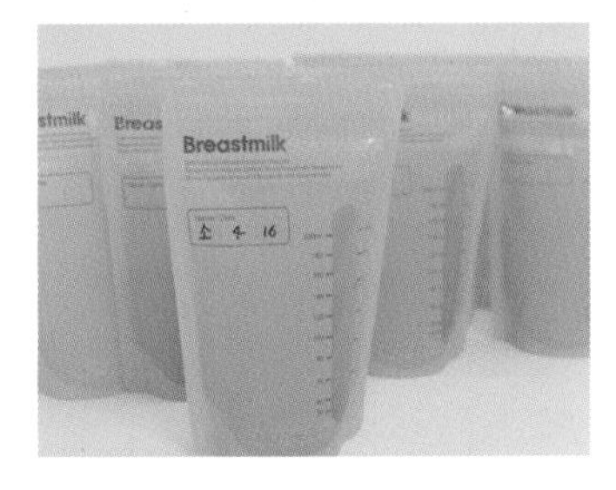

8 육수는 소분하여 냉동 보관해요.

닭고기육수

준비물 → 닭다리 2개, 닭안심 200g, 모유 또는 분유 적당량, 물 3,000ml, 양파 1개, 당근 1개, 대파 1대
완성량 → 약 2,000ml

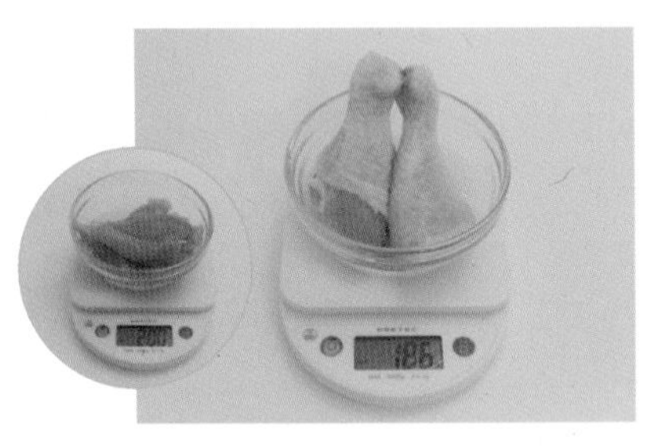

1 닭다리는 껍질과 기름기를 떼어내고, 닭안심은 기름기와 힘줄을 떼어내요.

2 닭고기가 잠길 정도로 모유나 분유를 부어 30분간 재워 잡내를 제거하고 헹궈요.

3 큰 냄비에 모든 재료를 넣고 센 불에서 끓여요.

4 끓어오르면 약불로 줄인 뒤 1시간 정도 끓여요.

5 한 김 식힌 뒤 채소는 버리고, 고기는 건져내고 육수를 냉장실에 1~2시간 정도 보관해요.

6 냉장실에서 꺼내 육수에 떠있는 기름을 걷어내요.

7 닭다리는 살만 발라내어 닭안심과 함께 믹서로 곱게 갈아요.

8 큐브에 30g씩 담은 뒤 육수를 한 숟가락씩 넣어 하루 정도 냉동해요. 지퍼백에 옮겨 밀봉한 뒤 냉동 보관해요.

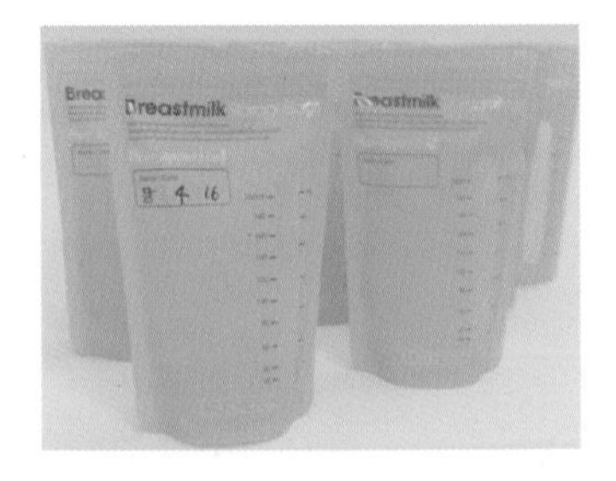

9 육수는 소분하여 냉동 보관해요.

TIP 닭안심만 사용해도 괜찮아요. 닭다리는 닭안심에 비해 기름기가 많지만 맛을 더해줘요. 이유식을 만들 때 들어가는 부위로는 닭안심이나 닭가슴살이 적합하지만 육수를 낼 경우에는 닭다리를 섞어서 사용하는 것도 좋아요.

본격 큐브 사용 이유식 돌입! 중요한 포인트 세 가지

1

큐브 용량과 사용되는 개수는 다를 수 있어요!

책에서는 큐브 하나를 30g으로 맞췄어요. 한 번 만들 때 3회 분량을 만들기 때문에 1회 분량에 10g의 재료가 들어가는 셈이에요. 만약 15g 짜리 큐브를 사용한다면 큐브를 두 개 넣으면 된답니다. 큐브에 30g이 안 담긴다면 15g씩 담아 두 개를 사용하면 돼요.

2

육수나 큐브는 냉동 상태, 해동 상태 모두 괜찮아요!

밥솥 이유식의 가장 큰 장점인 큐브! 냉동 보관을 원칙으로 하며, 밥솥에서 죽 모드로 1시간 동안 푹 익히기 때문에 냉동 상태 그대로를 넣어도 상관없어요. 해동하는 시간을 아낄 수 있어 냄비로 만드는 것보다 더욱 손쉽게 만들 수 있답니다.

3

아기의 성향에 따라 물을 가감해주세요!

사용되는 물이나 육수의 양은 절대적이지 않아요. 책에서 제시하는 레시피나 섭취량은 아기의 취향에 따라 변형시켜도 괜찮아요. 육수가 아닌 찬물을 사용해도 되는 이유예요. 아기마다 원하는 농도가 다를 수 있기 때문에 육수의 양이 부족하다면 찬물로 보충해도 좋아요. 완성한 이유식을 아기가 먹기 힘들어 한다면 물을 조금 추가해서 주는 방법도 있답니다.

중기 이유식

1단계

7~8month

자, 모든 준비를 마쳤다면 이제부터 중기 이유식을 시작할게요.

재료의 입자는 최대한 작게 만들어 주는 것이 중요해요.

갑자기 커져버린 입자감에 아이가 거부하지 않도록 차근차근 적응해 나가는 것이 필요하답니다. 큐브를 한 번 만들어두면 짧게는 2주, 길게는 4주 정도 사용하게 되므로 입자 조절이 힘든 것이 사실이죠. 이럴 경우 쌀을 제외한 식재료는 아주 잘게 다져 큐브로 만들어두고, 쌀로 입자 연습을 해줄 수 있답니다.

중기 이유식부터는 **닭고기가 추가**됩니다. 그리고 버섯류와 단단한 채소도 포함되니 차근차근 따라와 주세요. 식재료 손질법과 큐브 만드는 방법을 안내할게요.

중기 이유식 1단계 한 달 식단표

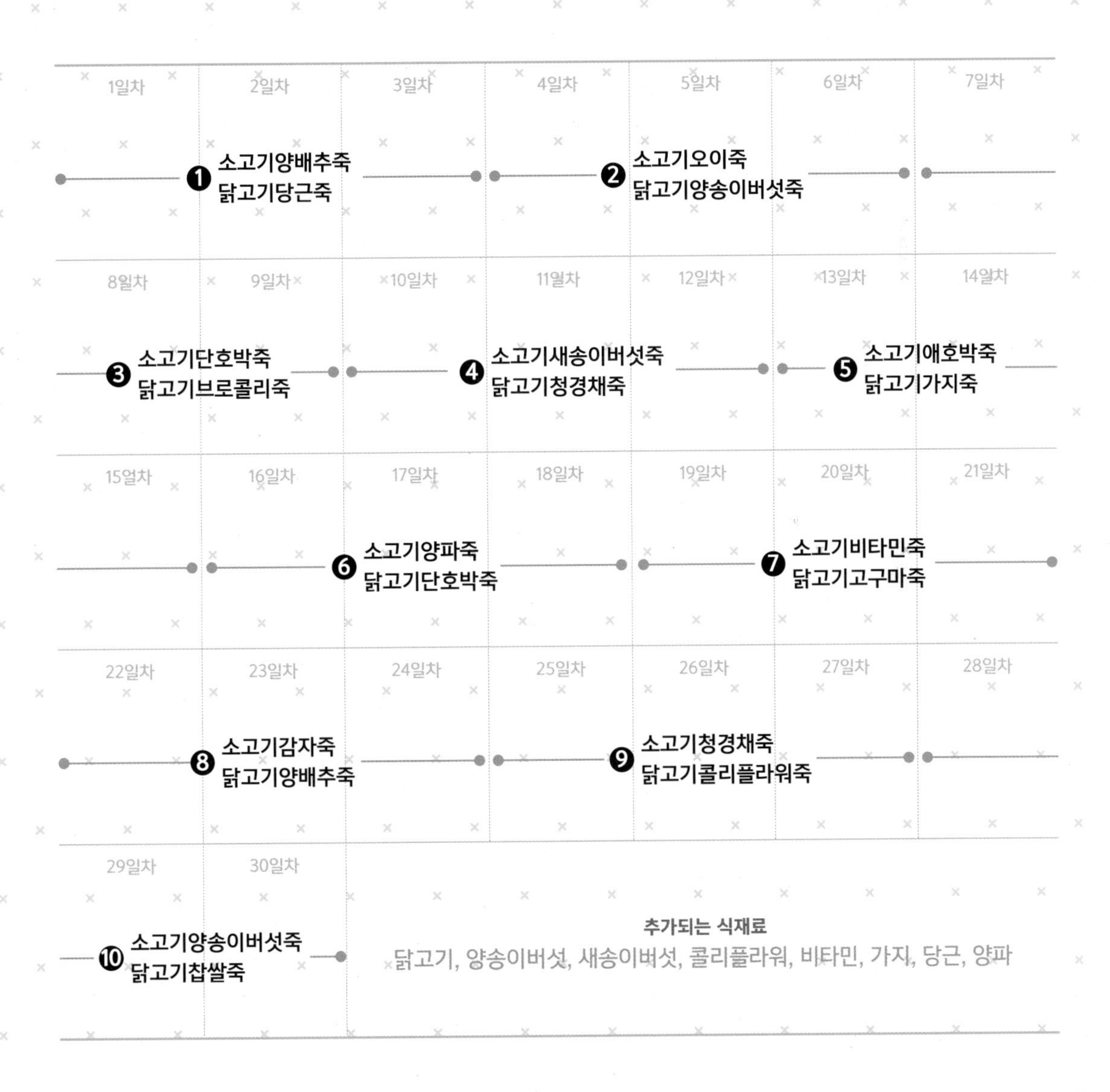

중기 이유식의 꽃 큐브

중기 이유식부터 빛을 발하는 밥솥! 밥솥에 내장되어 있는 죽 모드를 이용해서 간편하게 이유식을 만들 수 있어요. 내열 용기를 사용하면 두 가지 메뉴를 한 번에 만들 수도 있답니다. 이 부분은 후기 이유식에서 자세히 소개할게요.
큐브데이를 지정해 기본 재료들을 익힌 뒤 다져서 큐브에 넣고 냉동 보관해요. 식단표에 맞춰 쌀가루 넣고, 고기 큐브 하나, 채소 큐브 하나, 냉동 육수 하나 넣고 죽 모드만 누르면 끝! 이유식의 신세계가 열린답니다.
먼저, 초기 이유식에서 사용됐던 채소들에 대한 손질법과 큐브 만드는 법을 소개할게요. 우리가 평소에 자주 접하는 채소들로, 앞으로의 이유식에도 꾸준히 사용됩니다. 이후부터는 이유식 시기별로 추가되는 재료들에 대한 손질법과 큐브 만드는 법은 그때그때 따로 추가하여 소개할게요.

- 모든 큐브는 30g를 기준으로 만들어요. 1회 10g씩 섭취, 총 3회 분량.
- 대부분의 큐브는 재료를 익힌 뒤 만들어요.
- 익히는 방법은 뿌리채소의 경우 찌는 방법을, 잎채소의 경우 데치는 방법을 사용해요.
- 만들어 둔 큐브는 2~4주 내에 소진해요.
- 냉동한 큐브는 틀에서 빼 지퍼백에 밀봉하여 냉동 보관해요.

재료 손질법
큐브 만들기

감자큐브

1 감자는 껍질을 벗기고 흠집을 도려낸 뒤 적당한 크기로 썰어요.

2 찜기에 20분 정도 쪄서 푹 익혀요.

3 숟가락이나 포크, 절구 등으로 곱게 으깨요.

4 큐브에 30g씩 담은 뒤 하루 정도 냉동해요.

02 고구마큐브

1 고구마는 적당한 크기로 썰어요.

2 찜기에 20분 정도 쪄서 푹 익혀요.

3 익은 고구마는 껍질을 벗겨내고 숟가락이나 포크, 절구 등으로 곱게 으깨요.

4 큐브에 30g씩 담은 뒤 하루 정도 냉동해요.

03 애호박큐브

1 애호박은 껍질을 벗긴 뒤 적당한 크기로 썰어요.

2 찜기에 20분 정도 쪄서 푹 익혀요.

3 다지기나 칼로 1~2mm 길이로 잘게 다져요.

4 큐브에 30g씩 담은 뒤 하루 정도 냉동해요.

04 단호박큐브

1 단호박은 반으로 갈라 숟가락으로 속과 씨를 파낸 뒤 적당한 크기로 썰어요.

2 찜기에 30분 정도 쪄서 푹 익혀요.

3 익은 단호박은 껍질을 벗겨내고 숟가락이나 포크, 절구 등으로 곱게 으깨요.

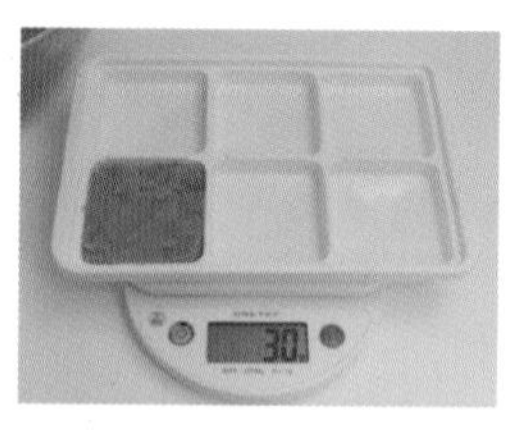

4 큐브에 30g씩 담은 뒤 하루 정도 냉동해요.

브로콜리큐브

1 브로콜리는 꽃 부분만 잘라내어 소금이나 식초, 베이킹소다를 푼 물에 5분 정도 담근 뒤 헹궈요.

2 끓는 물에 1분 정도 데친 뒤 체에 밭쳐 물기를 빼요.

3 다지기나 칼로 1~2mm 길이로 잘게 다져요.

4 큐브에 30g씩 담은 뒤 하루 정도 냉동해요.

06

양배추큐브

1 양배추는 가운데 굵은 심지를 제거하고 잎을 한 장씩 떼어내요.

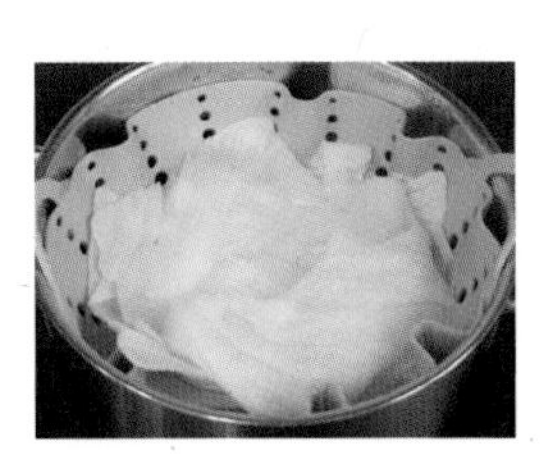

2 찜기에서 10분 정도 쪄서 푹 익혀요.

3 물기를 꼭 짠 뒤 다지기나 칼로 1~2mm 길이로 잘게 다져요.

4 큐브에 30g씩 담은 뒤 하루 정도 냉동해요.

07 청경채큐브

1 청경채는 줄기를 잘라내고 잎 부분만 사용해요.

2 끓는 물에 2~3분 정도 데친 뒤 물기를 짜요.

3 다지기나 칼로 1~2mm 길이로 잘게 다져요.

4 큐브에 30g씩 담은 뒤 하루 정도 냉동해요.

08 양송이버섯큐브

1 양송이버섯은 기둥을 떼어내고 갓 부분만 사용해요.

2 칼로 갓의 껍질을 벗겨요.

3 찜기에 20분 정도 쪄서 푹 익혀요.

4 다지기나 칼로 지름 1~2mm로 잘게 다져요.

5 큐브에 30g씩 담은 뒤 하루 정도 냉동해요.

새송이버섯큐브

1 새송이버섯은 밑동을 잘라낸 뒤 적당한 크기로 썰어요.

2 다지기나 칼로 1~2mm 길이로 잘게 다져요.

3 큐브에 30g씩 담은 뒤 하루 정도 냉동해요.

TIP 새송이버섯은 찌거나 익히면 질겨져서 다지기 어려워서 생으로 큐브를 만들어요.

콜리플라워큐브

1 콜리플라워는 줄기를 제거하고 꽃 부분만 사용해요.

2 소금이나 식초, 베이킹소다를 푼 물에 5분 정도 담군 뒤 헹궈요.

3 끓는 물에 1분 정도 데친 뒤 체에 밭쳐 물기를 빼요.

4 다지기나 칼로 1~2mm 길이로 잘게 다져요.

5 큐브에 30g씩 담은 뒤 하루 정도 냉동해요.

11 비타민큐브

1 비타민은 줄기를 잘라내고 잎만 사용해요.

2 끓는 물에 2~3분 정도 데친 뒤 물기를 빼요.

3 다지기나 칼로 1~2mm 길이로 잘게 다져요.

4 큐브에 30g씩 담은 뒤 하루 정도 냉동해요.

12 가지큐브

1 가지는 적당한 크기로 썰어 베이킹소다를 푼 물에 5분 정도 담군 뒤 헹궈요.

2 찜기에 20분 정도 쪄서 푹 익혀요.

3 다지기나 칼로 1~2mm 길이로 잘게 다져요.

4 큐브에 30g씩 담은 뒤 하루 정도 냉동해요.

당근큐브

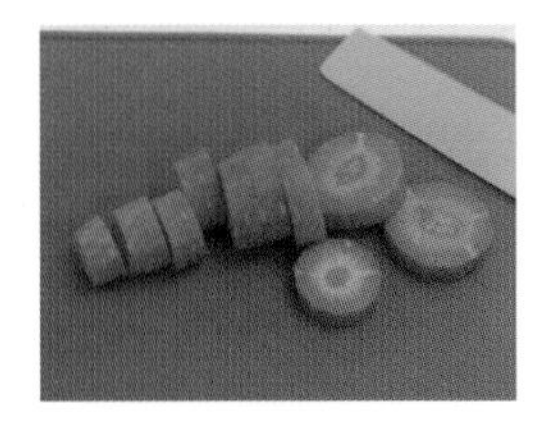

1 당근은 껍질을 벗겨낸 뒤 적당한 크기로 썰어요.

2 찜기에 20분 정도 쪄서 푹 익혀요.

3 다지기나 칼로 1~2mm 길이로 잘게 다져요.

4 큐브에 30g씩 담은 뒤 하루 정도 냉동해요.

양파큐브

1 양파는 위아래 꼭지를 잘라내고 껍질을 벗긴 뒤 적당한 크기로 썰어요.

2 끓는 물에 2~3분 정도 데쳐요.

3 다지기나 칼로 지름 1~2mm로 잘게 다져요.

4 큐브에 30g씩 담은 뒤 하루 정도 냉동해요.

오이큐브

1 오이는 껍질을 벗겨낸 뒤 적당한 크기로 썰고 숟가락으로 씨를 긁어내요.

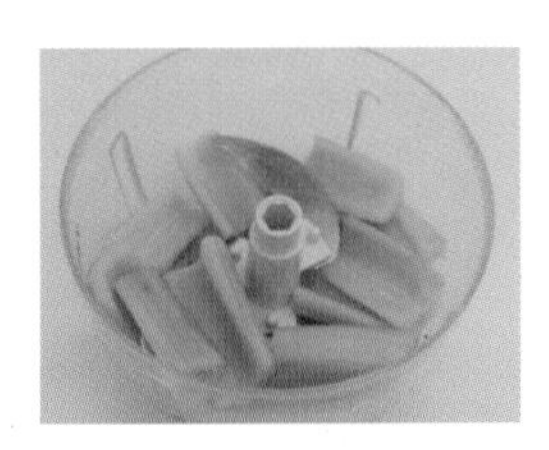

2 다지기나 칼로 1~2mm 길이로 잘게 다져요.

3 큐브에 30g씩 담은 뒤 하루 정도 냉동해요.

80~
100ml씩
3회 분량

중기
1단계

중기 이유식 첫 번째 죽으로, 가장 긴장되는 순간일 것 같아요. 과연 우리 아이가 식감이 생긴 죽을 잘 먹어줄까 걱정이 앞서죠. 만약 뱉어내거나 먹기 싫어한다면 농도를 조금 묽게 조절해 보세요. 아니면 완성된 이유식을 믹서에 살짝 갈아주는 것도 방법이랍니다.

Ingredients

- 중기 쌀가루 30g
- 소고기육수 300ml
- 소고기큐브 30g
- 양배추큐브 30g

- 미니 밥솥
- 스패출러
- 이유식 용기

1 중기 쌀가루는 찬물에 씻은 뒤 체에 밭쳐 물기를 빼요.

2 밥솥에 중기 쌀가루, 소고기육수, 소고기큐브, 양배추큐브를 넣고 죽 모드(1시간) 버튼을 눌러요.

3 이유식이 완성되면 스패출러로 고루 섞어요.

4 80~100ml씩 3회 분량으로 소분하여 냉장 보관해요.

80~
100ml씩
3회 분량

중기
1단계

닭고기 당근죽

오전에는 소고기, 오후에는 닭고기를 사용해 질리지 않고 맛있게 먹을 수 있도록 유도해요. 단맛이 나는 당근은 제법 단단한 채소지만 잘게 다지고 1시간 동안 익히면 충분히 물러져서 아이가 삼키기에 적당하답니다.

Ingredients

- 중기 쌀가루 30g
- 닭고기육수 300ml
- 닭고기큐브 30g
- 당근큐브 30g

—

- 미니 밥솥
- 스패출러
- 이유식 용기

1 중기 쌀가루는 찬물에 씻은 뒤 체에 밭쳐 물기를 빼요.

2 밥솥에 중기 쌀가루, 닭고기육수, 닭고기큐브, 당근큐브를 넣고 죽 모드(1시간) 버튼을 눌러요.

3 이유식이 완성되면 스패출러로 고루 섞어요.

4 80~100ml씩 3회 분량으로 소분하여 냉장 보관해요.

80~
100ml씩
3회 분량

중기
1단계

소고기 오이죽

초기 이유식에서 두 차례 사용했던 식재료 오이! 초기 때의 경험을 되짚어 잘 먹어 주었다면 입자감만 조절해주면 됩니다. 만약 초기 때 잘 먹지 않았다면 큐브를 반으로 잘라 양을 줄여 주세요.

Ingredients

- 중기 쌀가루 30g
- 소고기육수 300ml
- 소고기큐브 30g
- 오이큐브 30g

—

- 미니 밥솥
- 스패출러
- 이유식 용기

1 중기 쌀가루는 찬물에 씻은 뒤 체에 밭쳐 물기를 빼요.

2 밥솥에 중기 쌀가루, 소고기육수, 소고기큐브, 오이큐브를 넣고 죽 모드(1시간) 버튼을 눌러요.

3 이유식이 완성되면 스패출러로 고루 섞어요.

4 80~100ml씩 3회 분량으로 소분하여 냉장 보관해요.

80~
100ml씩
3회 분량

중기
1단계

닭고기 양송이버섯죽

버섯은 맛과 영양이 풍부하고 육류와 궁합이 좋은 식재료예요. 중기 이유식 때는 향이 강한 표고버섯을 제외한 다양한 버섯을 사용할 수 있어요. 씹는 질감이 낯설 수 있으니 혹시 아기가 거부한다면 믹서로 한 번 더 갈아주는 방법을 추천할게요.

Ingredients

- 중기 쌀가루 30g
- 닭고기육수 300ml
- 닭고기큐브 30g
- 양송이버섯큐브 30g

- 미니 밥솥
- 스패출러
- 이유식 용기

1 중기 쌀가루는 찬물에 씻은 뒤 체에 밭쳐 물기를 빼요.

2 밥솥에 중기 쌀가루, 닭고기육수, 닭고기큐브, 양송이버섯큐브를 넣고 죽 모드(1시간) 버튼을 눌러요.

3 이유식이 완성되면 스패출러로 고루 섞어요.

4 80~100ml씩 3회 분량으로 소분하여 냉장 보관해요.

80~
100ml씩
3회 분량

중기
1단계

소고기 단호박죽

부드럽게 으깨서 만들어둔 단호박큐브는 앞으로 만들 이유식에 다양하게 활용해요. 소고기와 궁합도 좋고, 맛도 영양도 더해줄 수 있는 단호박! 달콤한 맛에 아기들도 잘 먹어줄 거예요.

Ingredients

- 중기 쌀가루 30g
- 소고기육수 300ml
- 소고기큐브 30g
- 단호박큐브 30g

—

- 미니 밥솥
- 스패출러
- 이유식 용기

1 중기 쌀가루는 찬물에 씻은 뒤 체에 밭쳐 물기를 빼요.

2 밥솥에 중기 쌀가루, 소고기육수, 소고기큐브, 단호박큐브를 넣고 죽 모드(1시간) 버튼을 눌러요.

3 이유식이 완성되면 스패출러로 고루 섞어요.

4 80~100ml씩 3회 분량으로 소분하여 냉장 보관해요.

80~
100ml씩
3회 분량

중기
1단계

닭고기 브로콜리죽

브로콜리는 꽃 부분만 사용하기 때문에 잘게 다지면 점처럼 보여요. 입에서 크게 거슬리지 않으면서 영양소까지 챙길 수 있으니 일석이조죠. 향이 강한 채소 중 하나지만 닭고기와 어우러져 맛있게 먹을 수 있어요.

- 중기 쌀가루 30g
- 닭고기육수 300ml
- 닭고기큐브 30g
- 브로콜리큐브 30g

- 미니 밥솥
- 스패출러
- 이유식 용기

1 중기 쌀가루는 찬물에 씻은 뒤 체에 밭쳐 물기를 빼요.

2 밥솥에 중기 쌀가루, 닭고기육수, 닭고기큐브, 브로콜리큐브를 넣고 죽 모드(1시간) 버튼을 눌러요.

3 이유식이 완성되면 스패출러로 고루 섞어요.

4 80~100ml씩 3회 분량으로 소분하여 냉장 보관해요.

80~
100ml씩
3회 분량

중기
1단계

새송이버섯은 향이 약한 버섯이에요. 잘게 다져 소고기와 함께 만들어보았어요. 식이섬유가 풍부한 버섯은 소고기와 최고의 궁합을 자랑한답니다. 게다가 칼로리는 낮고, 섬유소는 풍부한 착한 식재료예요.

Ingredients

- 중기 쌀가루 30g
- 소고기육수 300ml
- 소고기큐브 30g
- 새송이버섯큐브 30g

- 미니 밥솥
- 스패출러
- 이유식 용기

1 중기 쌀가루는 찬물에 씻은 뒤 체에 밭쳐 물기를 빼요.

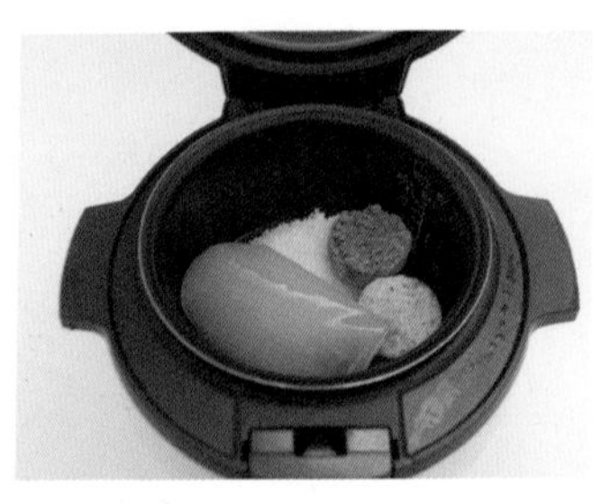

2 밥솥에 중기 쌀가루, 소고기육수, 소고기큐브, 새송이버섯큐브를 넣고 죽 모드(1시간) 버튼을 눌러요.

3 이유식이 완성되면 스패출러로 고루 섞어요.

4 80~100ml씩 3회 분량으로 소분하여 냉장 보관해요.

80~
100ml씩
3회 분량

중기
1단계

닭고기 청경채죽

수분 함량이 많아 시원한 맛이 특징인 청경채는 눈을 건강하게 하는 베타카로틴을 많이 함유하고 있어요. 칼슘도 풍부해서 아기들에게는 탁월한 식재료예요. 닭고기와 어우러져 부드럽게 즐길 수 있는 이유식이랍니다.

- 중기 쌀가루 30g
- 닭고기육수 300ml
- 닭고기큐브 30g
- 청경채큐브 30g

- 미니 밥솥
- 스패출러
- 이유식 용기

1 중기 쌀가루는 찬물에 씻은 뒤 체에 밭쳐 물기를 빼요.

2 밥솥에 중기 쌀가루, 닭고기육수, 닭고기큐브, 청경채큐브를 넣고 죽 모드(1시간) 버튼을 눌러요.

3 이유식이 완성되면 스패출러로 고루 섞어요.

4 80~100ml씩 3회 분량으로 소분하여 냉장 보관해요.

80~
100ml씩
3회 분량

중기
1단계

소고기 애호박죽

풍부한 섬유소를 가진 애호박은 다양한 식재료와 잘 어울릴 뿐 아니라 앞으로의 유아식에서도 볶음이나 구이, 튀김 등의 다양한 요리로 섭취할 수 있는 친근한 식재료예요. 껍질에는 섬유질이 많아 소화에 부담을 줄 수 있기 때문에 이유식에는 되도록 사용하지 않는 것이 좋아요.

Ingredients

- 중기 쌀가루 30g
- 소고기육수 300ml
- 소고기큐브 30g
- 애호박큐브 30g

- 미니 밥솥
- 스패출러
- 이유식 용기

1 중기 쌀가루는 찬물에 씻은 뒤 체에 밭쳐 물기를 빼요.

2 밥솥에 중기 쌀가루, 소고기육수, 소고기큐브, 애호박큐브를 넣고 죽 모드(1시간) 버튼을 눌러요.

3 이유식이 완성되면 스패출러로 고루 섞어요.

4 80~100ml씩 3회 분량으로 소분하여 냉장 보관해요.

80~
100ml씩
3회 분량

중기
1단계

닭고기 가지죽

새로운 식재료 가지가 등장했어요. 보라색 색소인 안토시아닌은 시력에 좋은 영향을 줘요. 수분과 칼륨이 풍부하고 식이섬유가 많은 건강한 식재료랍니다.

Ingredients

- 중기 쌀가루 30g
- 닭고기육수 300ml
- 닭고기큐브 30g
- 가지큐브 30g

- 미니 밥솥
- 스패출러
- 이유식 용기

1 중기 쌀가루는 찬물에 씻은 뒤 체에 밭쳐 물기를 빼요.

2 밥솥에 중기 쌀가루, 닭고기육수, 닭고기큐브, 가지큐브를 넣고 죽 모드(1시간) 버튼을 눌러요.

3 이유식이 완성되면 스패출러로 고루 섞어요.

4 80~100ml씩 3회 분량으로 소분하여 냉장 보관해요.

80~
100ml씩
3회 분량

중기
1단계

소고기 양파죽

양파는 국물 요리는 물론 볶음, 무침 등 다양한 요리에 기본적으로 들어가는 가장 친근한 식재료 중 하나예요. 소고기육수를 낼 때도 들어가 있을 뿐 아니라 육류와 어우러져 맛을 더해 준답니다.

Ingredients

- 중기 쌀가루 30g
- 소고기육수 300ml
- 소고기큐브 30g
- 양파큐브 30g

- 미니 밥솥
- 스패출러
- 이유식 용기

1 중기 쌀가루는 찬물에 씻은 뒤 체에 밭쳐 물기를 빼요.

2 밥솥에 중기 쌀가루, 소고기육수, 소고기큐브, 양파큐브를 넣고 죽 모드(1시간) 버튼을 눌러요.

3 이유식이 완성되면 스패출러로 고루 섞어요.

4 80~100ml씩 3회 분량으로 소분하여 냉장 보관해요.

80~
100ml씩

3회 분량

중기

1단계

닭고기 단호박죽

푹 익힌 뒤 으깨 큐브로 만들어둔 단호박! 음식에 자연스러운 단맛을 줄 뿐만 아니라 영양까지 풍부하니 참 고마운 식재료가 아닐 수 없어요. 서연이도 단호박이 들어갔던 식단은 무조건 싹싹 비워줬답니다.

- 중기 쌀가루 30g
- 닭고기육수 300ml
- 닭고기큐브 30g
- 단호박큐브 30g

- 미니 밥솥
- 스패출러
- 이유식 용기

1 중기 쌀가루는 찬물에 씻은 뒤 체에 밭쳐 물기를 빼요.

2 밥솥에 중기 쌀가루, 닭고기육수, 닭고기큐브, 단호박큐브를 넣고 죽 모드(1시간) 버튼을 눌러요.

3 이유식이 완성되면 스패출러로 고루 섞어요.

4 80~100ml씩 3회 분량으로 소분하여 냉장 보관해요.

80~
100ml씩
3회 분량

중기
1단계

소고기 비타민죽

새로 추가되는 식재료 비타민!
과연 그 이름답게 비타민 A가
시금치의 두 배나 들어있다고 해요.
철분과 칼슘이 풍부하고 잎이 연해서
이유식에 적합한 식재료랍니다.

Ingredients

- 중기 쌀가루 30g
- 소고기육수 300ml
- 소고기큐브 30g
- 비타민큐브 30g

- 미니 밥솥
- 스패출러
- 이유식 용기

1 중기 쌀가루는 찬물에 씻은 뒤 체에 밭쳐 물기를 빼요.

2 밥솥에 중기 쌀가루, 소고기육수, 소고기큐브, 비타민큐브를 넣고 죽 모드(1시간) 버튼을 눌러요.

3 이유식이 완성되면 스패출러로 고루 섞어요.

4 80~100ml씩 3회 분량으로 소분하여 냉장 보관해요.

80~
100ml씩
3회 분량

중기
1단계

닭고기 고구마죽

고구마에는 식이섬유를 포함한 다양한 영양소가 있어요. 탄수화물이 많은 고구마에 단백질 함량이 좋은 닭고기를 함께 먹으면 상호 보완되는 효과가 있어요. 단, 고구마와 소고기는 궁합이 맞지 않으니 꼭 기억해 두세요!

Ingredients

- 중기 쌀가루 30g
- 닭고기육수 300ml
- 닭고기큐브 30g
- 고구마큐브 30g

- 미니 밥솥
- 스패출러
- 이유식 용기

1 중기 쌀가루는 찬물에 씻은 뒤 체에 받쳐 물기를 빼요.

2 밥솥에 쌀가루, 닭고기육수, 닭고기큐브, 고구마큐브를 넣고 죽 모드(1시간) 버튼을 눌러요.

3 이유식이 완성되면 스패출러로 고루 섞어요.

4 80~100ml씩 3회 분량으로 소분하여 냉장 보관해요.

80~
100ml씩
3회 분량

중기
1단계

소고기 감자죽

감자 속에 있는 비타민 C는 익혀도 쉽게 파괴되지 않는 장점이 있어요. 비타민 C, 펙틴 등 몸에 좋은 영양소가 많이 있는 반면 칼슘이 부족하답니다. 육류와 함께 섭취하면 상호 보완되어 완벽한 궁합을 기대할 수 있어요.

Ingredients

- 중기 쌀가루 30g
- 소고기육수 300ml
- 소고기큐브 30g
- 감자큐브 30g

- 미니 밥솥
- 스패출러
- 이유식 용기

1 중기 쌀가루는 찬물에 씻은 뒤 체에 밭쳐 물기를 빼요.

2 밥솥에 중기 쌀가루, 소고기육수, 소고기큐브, 감자큐브를 넣고 죽 모드(1시간) 버튼을 눌러요.

3 이유식이 완성되면 스패출러로 고루 섞어요.

4 80~100ml씩 3회 분량으로 소분하여 냉장 보관해요.

80~
100ml씩
3회 분량

중기
1단계

닭고기 양배추죽

닭고기와 양배추는 대부분의 식재료와 잘 어울려요. 중기 이유식부터 육류가 사용되기 때문에 채소의 섭취율도 중요해져요. 육류가 들어가는 이유식에는 꼭 채소 큐브를 넣어주세요.

Ingredients

- 중기 쌀가루 30g
- 닭고기육수 300ml
- 닭고기큐브 30g
- 양배추큐브 30g

—

- 미니 밥솥
- 스패출러
- 이유식 용기

1 중기 쌀가루는 찬물에 씻은 뒤 체에 밭쳐 물기를 빼요.

2 밥솥에 중기 쌀가루, 닭고기육수, 닭고기큐브, 양배추큐브를 넣고 죽 모드(1시간) 버튼을 눌러요.

3 이유식이 완성되면 스패출러로 고루 섞어요.

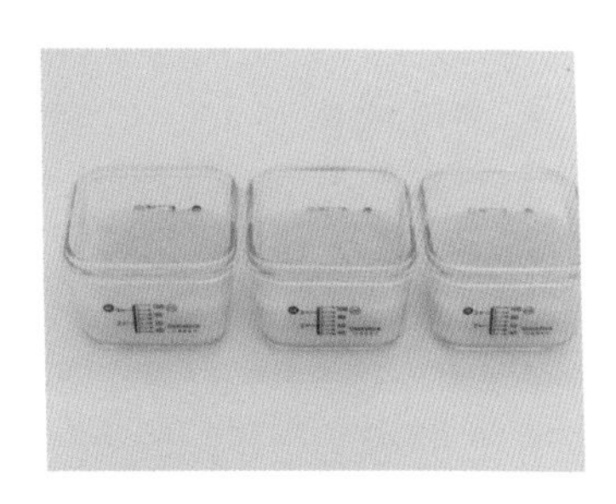

4 80~100ml씩 3회 분량으로 소분하여 냉장 보관해요.

80~
100ml씩
3회 분량

중기
1단계

소고기 청경채죽

이유식에서 가장 중요한 부분은 바로 영양의 균형이랍니다. 청경채에 들어있는 비타민 C가 소고기에 들어있는 철분의 흡수를 도와줘요. 초기 이유식에서 소고기청경채미음을 통해 접해봤던 궁합이라서 이번에도 잘 먹어 주리라 믿어요.

Ingredients

- 중기 쌀가루 30g
- 소고기육수 300ml
- 소고기큐브 30g
- 청경채큐브 30g

- 미니 밥솥
- 스패출러
- 이유식 용기

1 중기 쌀가루는 찬물에 씻은 뒤 체에 밭쳐 물기를 빼요.

2 밥솥에 중기 쌀가루, 소고기육수, 소고기큐브, 청경채큐브를 넣고 죽 모드(1시간) 버튼을 눌러요.

3 이유식이 완성되면 스패출러로 고루 섞어요.

4 80~100ml씩 3회 분량으로 소분하여 냉장 보관해요.

80~
100ml씩
3회 분량

중기
1단계

닭고기 콜리플라워죽

새롭게 추가된 식재료, 콜리플라워!
브로콜리와 이름도 모양도 비슷한 만큼
손질 방법도 비슷하고 맛도 비슷하답니다.
콜리플라워 역시 칼슘과 철분, 비타민 C가
풍부해요.

Ingredients

- 중기 쌀가루 30g
- 닭고기육수 300ml
- 닭고기큐브 30g
- 콜리플라워큐브 30g

- 미니 밥솥
- 스패출러
- 이유식 용기

1 중기 쌀가루는 찬물에 씻은 뒤 체에 밭쳐 물기를 빼요.

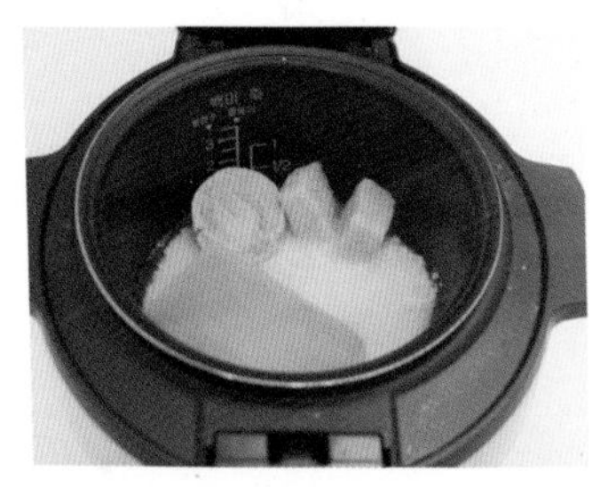

2 밥솥에 쌀가루, 닭고기육수, 닭고기큐브, 콜리플라워큐브를 넣고 죽 모드(1시간) 버튼을 눌러요.

3 이유식이 완성되면 스패출러로 고루 섞어요.

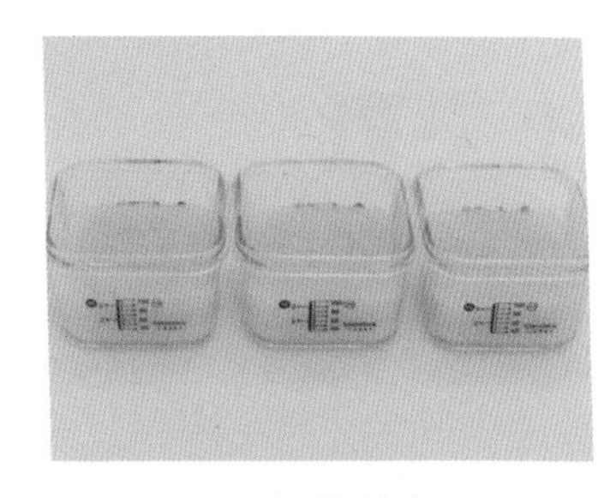

4 80~100ml씩 3회 분량으로 소분하여 냉장 보관해요.

80~
100ml씩
3회 분량

중기
1단계

소고기 양송이버섯죽

버섯 중 단백질 함량이 가장 뛰어난 양송이버섯!
음식물의 소화를 도와주는 착한 식재료랍니다.
식이섬유는 물론 비타민 D까지 풍부한
양송이버섯이 소고기와 만나면 맛은 물론
영양까지 높여줘요.

Ingredients

- 중기 쌀가루 30g
- 소고기육수 300ml
- 소고기큐브 30g
- 양송이버섯큐브 30g

- 미니 밥솥
- 스패출러
- 이유식 용기

1 중기 쌀가루는 찬물에 씻은 뒤 체에 밭쳐 물기를 빼요.

2 밥솥에 쌀가루, 소고기육수, 소고기큐브, 양송이버섯큐브를 넣고 죽 모드(1시간) 버튼을 눌러요.

3 이유식이 완성되면 스패출러로 고루 섞어요.

4 80~100ml씩 3회 분량으로 소분하여 냉장 보관해요.

80~
100ml씩
3회 분량

중기
1단계

닭고기 찹쌀죽

삼계탕이 떠오른다면 바로 정답! 닭고기와 찹쌀은 맛도 영양도 만점인 최고의 궁합을 자랑해요. 소금 간을 하지 않아도 감칠맛 나는 닭고기육수가 있으니 걱정 없답니다. 폭풍 먹방을 기대해도 좋아요.

Ingredients

- 중기 쌀가루 15g
- 찹쌀가루 15g
- 닭고기육수 300ml
- 닭고기큐브 30g

- 미니 밥솥
- 스패출러
- 이유식 용기

1 중기 쌀가루는 찬물에 씻은 뒤 체에 밭쳐 물기를 빼요.

2 밥솥에 중기 쌀가루, 찹쌀가루, 닭고기육수, 닭고기큐브를 넣고 죽 모드(1시간) 버튼을 눌러요.

3 이유식이 완성되면 스패출러로 고루 섞어요.

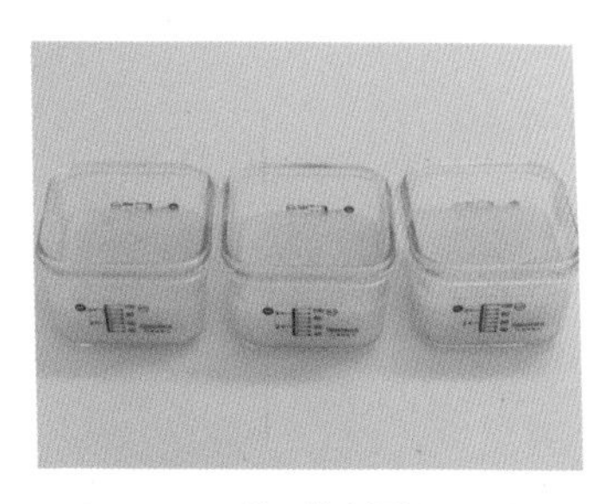

4 80~100ml씩 3회 분량으로 소분하여 냉장 보관해요.

중기 이유식

2단계

8~9month

중기 이유식을 한 달 진행했지만 **아직도 알갱이를 삼킨다는 게 거부감**이 들 수 있어요.
당연한 과정이니 엄마도 **조급해 하지 말고** 조금 더 기다려 주세요.
만약 중기 이유식 1단계를 통해 입자 연습을 잘 마치고 거부감 없이
잘 먹는다면 2단계로 넘어가서 **새로운 식재료를 추가**하고, **쌀가루 양을 늘려 농도를 조절**해주세요.
1단계에서는 쌀가루 30g, 2단계에서는 쌀가루 40g으로 만들게 됩니다.
2단계에서는 두 가지 채소를 함께 섞어서 만들어요. 맛과 영양이 두 배가 되겠죠?
무난하게 넘어갔던 식재료 궁합에 새로운 재료들은
하나씩 차근차근 추가해서 테스트해 주세요.

중기 이유식 2단계 한 달 식단표

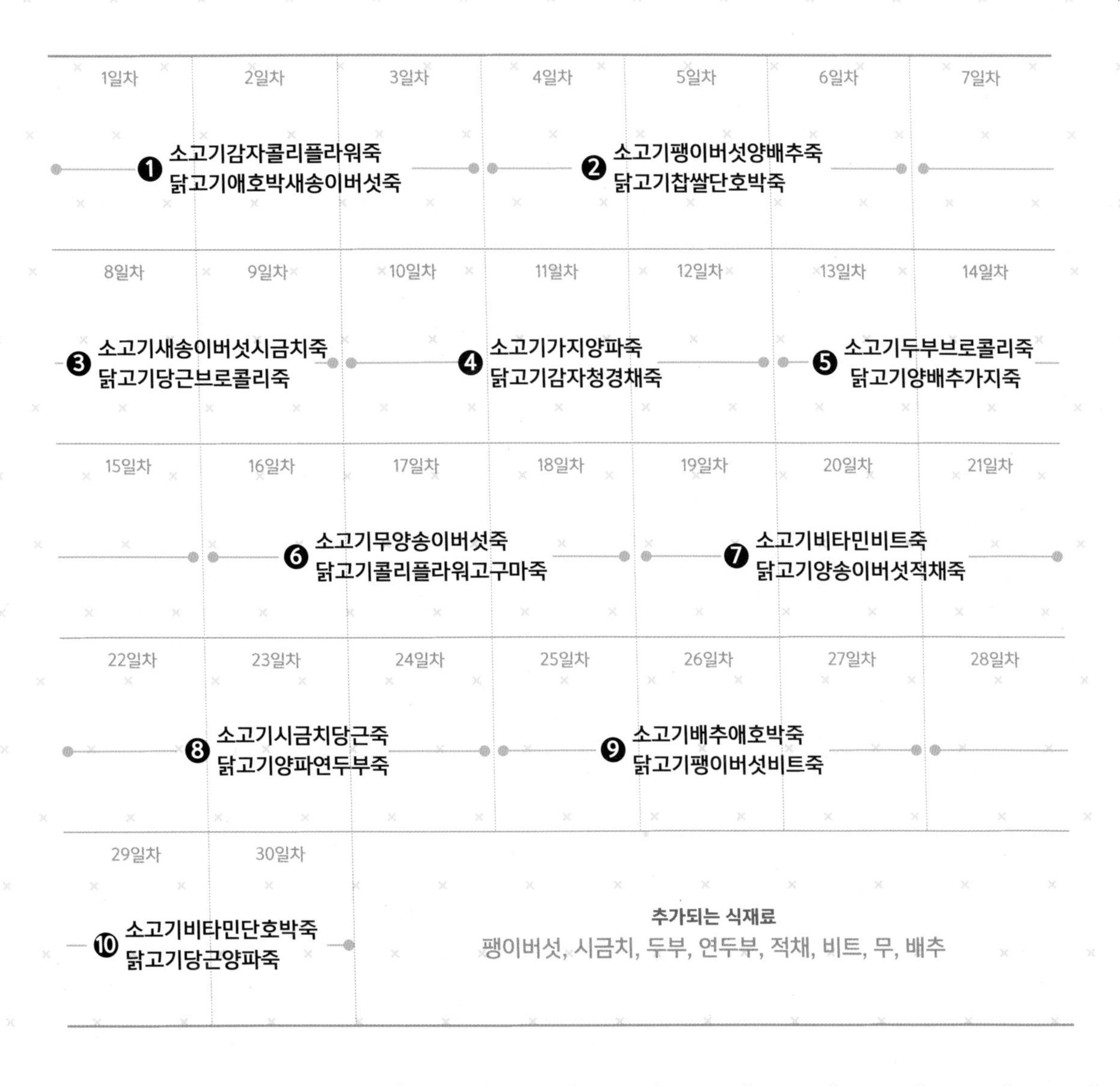

재료 손질법 및 큐브 만들기

01 팽이버섯큐브

1 팽이버섯은 밑동을 3~4cm 정도 자른 뒤 3등분해요.

2 다지기나 칼로 1~2mm 길이로 잘게 다져요.

3 큐브에 30g씩 담은 뒤 하루 정도 냉동해요.

02 두부큐브

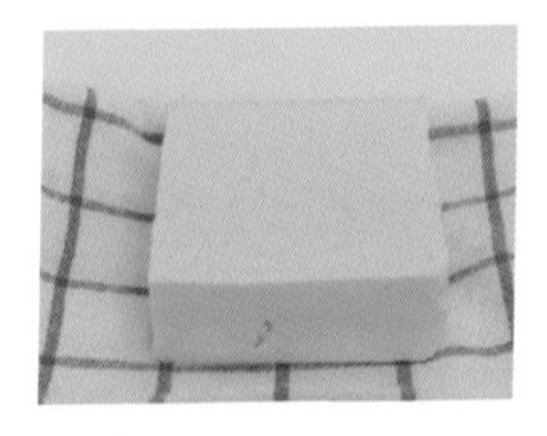

1 두부는 흐르는 물에 살짝 씻어 면보에 밭쳐 물기를 빼요.

2 칼등으로 곱게 으깨요.

3 큐브에 30g씩 담은 뒤 하루 정도 냉동해요.

TIP 연두부는 사용할 경우 큐브를 만들지 않고 바로 사용해요. 소포장된 제품이 많아 편리해요.

03 시금치큐브

1 시금치는 뿌리를 제거하고 적당한 크기로 썰어요.

2 끓는 물에 2~3분 정도 데친 뒤 물기를 짜요.

3 다지기나 칼로 1~2mm 길이로 잘게 다져요.

4 큐브에 30g씩 담은 뒤 하루 정도 냉동해요.

04 무큐브

1 무는 필러로 껍질을 벗긴 뒤 적당한 크기로 썰어요.

2 찜기에 10분간 쪄서 푹 익혀요.

3 다지기나 칼로 1~2mm 길이로 잘게 다져요.

4 큐브에 30g씩 담은 뒤 하루 정도 냉동해요.

배추큐브

1 배추는 한 장씩 떼어낸 뒤 줄기를 V자로 도려내고 잎 부분만 사용해요.

2 찜기에 10분간 쪄서 푹 익혀요.

3 다지기나 칼로 1~2mm 길이로 잘게 다져요.

4 큐브에 30g씩 담은 뒤 하루 정도 냉동해요.

06 적채큐브

1 적채는 가운데 굵은 심지를 제거하고 한 장씩 떼어내요.

2 찜기에 10분간 쪄서 푹 익혀요.

3 다지기나 칼로 1~2mm 길이로 잘게 다져요.

4 큐브에 30g씩 담은 뒤 하루 정도 냉동해요.

07 비트큐브

1 비트는 필러로 껍질을 벗긴 뒤 적당한 크기로 썰어요.

2 다지기나 칼로 1~2mm 길이로 잘게 다져요.

3 큐브에 30g씩 담은 뒤 하루 정도 냉동해요.

Tip

우리 서연이는요!

중기 이유식을 3개월 동안 유지했어요. 미음을 잘 먹던 아이가 낯선 입자감 때문에 뱉어내기 시작했어요. 속도 상하고 점점 조바심이 나기 시작했지만 마음을 다잡았어요. 1단계와 같은 입자와 농도를 유지해 1단계를 두 달 진행하니 완벽히 적응해 주었어요. 후기 이유식에 가면 온전한 쌀 한 톨을 섭취해야 하고, 농도도 되직해지는데 중기에서 차근차근 연습하는 것이 필요하다고 생각했거든요. 만약 아이가 이유식 먹기를 거부한다면 여유를 가지고 중기 이유식 기간을 늘려보길 추천드려요.

100~
120ml씩
3회 분량

죽
기
2단계

소고기감자 콜리플라워죽

콜리플라워는 맛이나 향이 강하지 않고 비타민이 풍부하며, 다양한 식재료와 잘 어우러진답니다.
소고기와 감자는 잘 어울리는 조합이에요.

- 중기 쌀가루 40g
- 소고기육수 300ml
- 소고기큐브 30g
- 감자큐브 30g
- 콜리플라워큐브 30g

—

- 미니 밥솥
- 스패출러
- 이유식 용기

1 중기 쌀가루는 찬물에 씻은 뒤 체에 밭쳐 물기를 빼요.

2 밥솥에 중기 쌀가루, 소고기육수, 소고기큐브, 감자큐브, 콜리플라워큐브를 넣고 죽 모드(1시간) 버튼을 눌러요.

3 이유식이 완성되면 스패출러로 고루 섞어요.

4 100~120ml씩 3회 분량으로 소분하여 냉장 보관해요.

100~
120ml씩
3회 분량

중기
2단계

닭고기애호박 새송이버섯죽

서연이가 가장 잘 먹었던 중기 이유식 메뉴가 나왔어요. 색깔은 물론 맛까지 일품이죠. 애호박으로 은은한 단맛을 내고, 버섯으로 영양과 식감까지 더했답니다.

Ingredients

- 중기 쌀가루 40g
- 닭고기육수 300ml
- 닭고기큐브 30g
- 애호박큐브 30g
- 새송이버섯큐브 30g

- 미니 밥솥
- 스패출러
- 이유식 용기

1 중기 쌀가루는 찬물에 씻은 뒤 체에 밭쳐 물기를 빼요.

2 밥솥에 중기 쌀가루, 닭고기육수, 닭고기큐브, 애호박큐브, 새송이버섯큐브를 넣고 죽 모드(1시간) 버튼을 눌러요.

3 이유식이 완성되면 스패출러로 고루 섞어요.

4 100~120ml씩 3회 분량으로 소분하여 냉장 보관해요.

100~
120ml씩
3회 분량

중기
2단계

소고기팽이버섯 양배추죽

소고기와 양배추의 궁합은 이미 앞선 이유식에서도 검증되었죠. 팽이버섯을 더해 식감을 살렸어요. 부드러운 양배추는 위에 부담을 주지 않을 뿐 아니라 장운동까지 도와주는 고마운 식재료랍니다.

Ingredients

- 중기 쌀가루 40g
- 소고기육수 300ml
- 소고기큐브 30g
- 양배추큐브 30g
- 팽이버섯큐브 30g

—

- 미니 밥솥
- 스패출러
- 이유식 용기

1 중기 쌀가루는 찬물에 씻은 뒤 체에 밭쳐 물기를 빼요.

2 밥솥에 중기 쌀가루, 소고기육수, 소고기큐브, 양배추큐브, 팽이버섯큐브를 넣고 죽 모드(1시간) 버튼을 눌러요.

3 이유식이 완성되면 스패출러로 고루 섞어요.

4 100~120ml씩 3회 분량으로 소분하여 냉장 보관해요.

100~120ml씩
3회 분량

중기
2단계

닭고기찹쌀 단호박죽

찹쌀이 들어가 위장을 편안하게 해주고 달콤한 단호박을 더해 맛을 높여준 이유식이랍니다. 제가 먹어도 맛있더라고요! 분명 아기들도 잘 먹어줄 거예요.

Ingredients

- 중기 쌀가루 20g
- 찹쌀 20g
- 닭고기육수 300ml
- 닭고기큐브 30g
- 단호박큐브 30g

- 미니 밥솥
- 스패출러
- 이유식 용기

1 중기 쌀가루는 찬물에 씻은 뒤 체에 밭쳐 물기를 빼고, 찹쌀은 찬물에 씻어 물에 담가 30분간 불린 뒤 칼로 잘게 다져요.

2 밥솥에 중기 쌀가루, 찹쌀, 닭고기육수, 닭고기큐브, 단호박큐브를 넣고 죽 모드(1시간) 버튼을 눌러요.

3 이유식이 완성되면 스패출러로 고루 섞어요.

4 100~120ml씩 3회 분량으로 소분하여 냉장 보관해요.

100~
120ml씩
3회 분량

중기
2단계

소고기새송이버섯 시금치죽

철분이 많아 성장기 아기들에게 꼭 필요한
시금치가 새송이버섯과 어우러져 맛과 영양을
한꺼번에 챙겼어요.

Ingredients

- 중기 쌀가루 40g
- 소고기육수 300ml
- 소고기큐브 30g
- 새송이버섯큐브 30g
- 시금치큐브 30g

—

- 미니 밥솥
- 스패출러
- 이유식 용기

1 중기 쌀가루는 찬물에 씻은 뒤
체에 밭쳐 물기를 빼요.

2 밥솥에 중기 쌀가루, 소고기육수,
소고기큐브, 새송이버섯큐브,
시금치큐브를 넣고
죽 모드(1시간) 버튼을 눌러요.

3 이유식이 완성되면 스패출러로
고루 섞어요.

4 100~120ml씩 3회 분량으로
소분하여 냉장 보관해요.

100~
120ml씩
3회 분량

중기
2단계

닭고기 당근브로콜리죽

입으로 먹기 전에 예쁜 색감에 시선을 빼앗겨요. 당근이 들어간 이유식은 색은 물론 달콤한 맛까지 더해 준답니다. 비타민이 풍부한 브로콜리는 아기들은 물론 성인에게도 고마운 식재료랍니다.

Ingredients

- 중기 쌀가루 40g
- 닭고기육수 300ml
- 닭고기큐브 30g
- 당근큐브 30g
- 브로콜리큐브 30g

—

- 미니 밥솥
- 스패출러
- 이유식 용기

1 중기 쌀가루는 찬물에 씻은 뒤 체에 밭쳐 물기를 빼요.

2 밥솥에 중기 쌀가루, 닭고기육수, 닭고기큐브, 당근큐브, 브로콜리큐브를 넣고 죽 모드(1시간) 버튼을 눌러요.

3 이유식이 완성되면 스패출러로 고루 섞어요.

4 100~120ml씩 3회 분량으로 소분하여 냉장 보관해요.

100~
120ml씩
3회 분량

중기
2단계

소고기 가지양파죽

소고기가 들어가는 이유식에는 양파나 당근,
단호박 등의 단맛이 나는 식재료가 잘 어울려요.
혹시 남아있을지 모를 소고기 특유의 누린내를
잡아주거든요. 서연이도 거부감 없이 잘 먹어줬어요.

Ingredients

- 중기 쌀가루 40g
- 소고기육수 300ml
- 소고기큐브 30g
- 가지큐브 30g
- 양파큐브 30g

- 미니 밥솥
- 스패출러
- 이유식 용기

1 중기 쌀가루는 찬물에 씻은 뒤 체에 밭쳐 물기를 빼요.

2 밥솥에 중기 쌀가루, 소고기육수, 소고기큐브, 가지큐브, 양파큐브를 넣고 죽 모드(1시간) 버튼을 눌러요.

3 이유식이 완성되면 스패출러로 고루 섞어요.

4 100~120ml씩 3회 분량으로 소분하여 냉장 보관해요.

100~120ml씩

3회 분량

중기

2단계

닭고기 감자청경채죽

청경채는 향이 강한 채소지만 부드러운 감자와 만나면 문제없어요. 닭고기와도 잘 어울릴 뿐만 아니라 비타민과 철분이 풍부하니 자주 사용해 주세요.

Ingredients

- 중기 쌀가루 40g
- 닭고기육수 300ml
- 닭고기큐브 30g
- 감자큐브 30g
- 청경채큐브 30g

- 미니 밥솥
- 스패출러
- 이유식 용기

1 중기 쌀가루는 찬물에 씻은 뒤 체에 밭쳐 물기를 빼요.

2 밥솥에 중기 쌀가루, 닭고기육수, 닭고기큐브, 감자큐브, 청경채큐브를 넣고 죽 모드(1시간) 버튼을 눌러요.

3 이유식이 완성되면 스패출러로 고루 섞어요.

4 100~120ml씩 3회 분량으로 소분하여 냉장 보관해요.

100~
120ml씩
3회 분량

중기
2단계

소고기 두부브로콜리죽

서연이는 두부를 참 좋아해요. 아직까지도 두부 반찬을 하면 제일 먼저 손이 간답니다. 두부와 브로콜리는 맛이 잘 어우러져 자주 사용하는 단짝 식재료예요.

Ingredients

- 중기 쌀가루 40g
- 소고기육수 300ml
- 소고기큐브 30g
- 두부큐브 30g
- 브로콜리큐브 30g

- 미니 밥솥
- 스패출러
- 이유식 용기

1 중기 쌀가루는 찬물에 씻은 뒤 체에 밭쳐 물기를 빼요.

2 밥솥에 중기 쌀가루, 소고기육수, 소고기큐브, 두부큐브, 브로콜리큐브, 양배추큐브를 넣고 죽 모드(1시간) 버튼을 눌러요.

3 이유식이 완성되면 스패출러로 고루 섞어요.

4 100~120ml씩 3회 분량으로 소분하여 냉장 보관해요.

100~
120ml씩
3회 분량

중기
2단계

닭고기 양배추가지죽

가지는 익었을 때 애호박이랑 비슷한 식감이에요.
특별한 맛은 아니지만 비타민, 폴리페놀 등 영양소가
풍부해서 성장기 아기들에게 고마운 식재료랍니다.
닭고기, 양배추와 어우러지면 부드럽게 즐길 수 있어요.

Ingredients

- 중기 쌀가루 40g
- 닭고기육수 300ml
- 닭고기큐브 30g
- 양배추큐브 30g
- 가지큐브 30g

- 미니 밥솥
- 스패출러
- 이유식 용기

1 중기 쌀가루는 찬물에 씻은 뒤 체에 밭쳐 물기를 빼요.

2 밥솥에 중기 쌀가루, 닭고기육수, 닭고기큐브, 양배추큐브, 가지큐브를 넣고 죽 모드(1시간) 버튼을 눌러요.

3 이유식이 완성되면 스패출러로 고루 섞어요.

4 100~120ml씩 3회 분량으로 소분하여 냉장 보관해요.

100~
120ml씩
3회 분량

중기
2단계

소고기 무양송이버섯죽

소고기와 무의 궁합은 두말하면 잔소리! 육수에도 이미 무가 포함되어 있지만 잘게 다진 무를 추가하면 조금 더 시원한 맛이 난답니다. 양송이버섯으로 풍미까지 더했으니 잘 먹어주겠죠?

Ingredients

- 중기 쌀가루 40g
- 소고기육수 300ml
- 소고기큐브 30g
- 무큐브 30g
- 양송이버섯큐브 30g

—

- 미니 밥솥
- 스패출러
- 이유식 용기

1 중기 쌀가루는 찬물에 씻은 뒤 체에 밭쳐 물기를 빼요.

2 밥솥에 중기 쌀가루, 소고기육수, 소고기큐브, 무큐브, 양송이버섯큐브를 넣고 죽 모드(1시간) 버튼을 눌러요.

3 이유식이 완성되면 스패출러로 고루 섞어요.

4 100~120ml씩 3회 분량으로 소분하여 냉장 보관해요.

100~
120ml씩
3회 분량

죽기
2단계

닭고기콜리플라워 고구마죽

닭고기와 고구마의 궁합은 이전의 많은 이유식에서 검증되었답니다. 풍부한 섬유질이 있는 고구마는 장 건강에도 도움을 주고, 콜리플라워로 비타민까지 가득 더한 영양식이에요.

- 중기 쌀가루 40g
- 닭고기육수 300ml
- 닭고기큐브 30g
- 콜리플라워큐브 30g
- 고구마큐브 30g

- 미니 밥솥
- 스패출러
- 이유식 용기

1 중기 쌀가루는 찬물에 씻은 뒤 체에 밭쳐 물기를 빼요.

2 밥솥에 중기 쌀가루, 닭고기육수, 닭고기큐브, 콜리플라워큐브, 고구마큐브를 넣고 죽 모드(1시간) 버튼을 눌러요.

3 이유식이 완성되면 스패출러로 고루 섞어요.

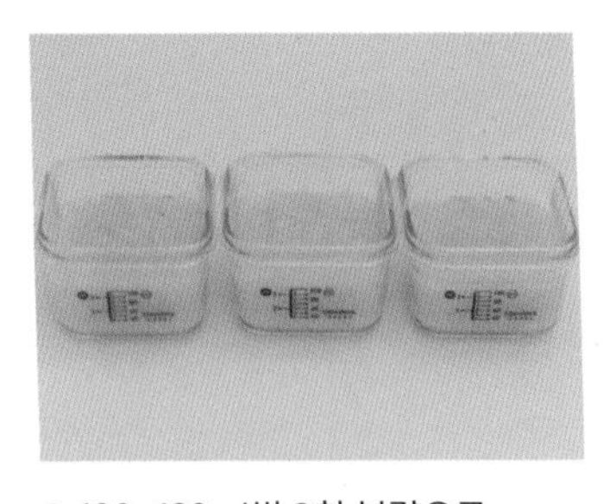

4 100~120ml씩 3회 분량으로 소분하여 냉장 보관해요.

100~
120ml씩

3회 분량

중기

2단계

소고기 비타민비트죽

이름만으로도 건강해질 것 같은 이름을 가진 비타민과 예쁜 빛깔의 비트가 어우러졌어요. 비트는 푹 익으면 갈색으로 변하고, 영양소도 파괴된다고 해요. 비트큐브는 미리 실온에 꺼내 해동한 뒤 완성된 이유식에 넣어 섞어요.

Ingredients

- 중기 쌀가루 40g
- 소고기육수 300ml
- 소고기큐브 30g
- 비타민큐브 30g
- 비트큐브 30g

- 미니 밥솥
- 스패출러
- 이유식 용기

1 중기 쌀가루는 찬물에 씻은 뒤 체에 밭쳐 물기를 빼요.

2 밥솥에 중기 쌀가루, 소고기육수, 소고기큐브, 비타민큐브를 넣고 죽 모드(1시간) 버튼을 눌러요.

3 이유식이 완성되면 해동된 비트큐브를 넣고 스패출러로 고루 섞어요.

4 100~120ml씩 3회 분량으로 소분하여 냉장 보관해요.

100~
120ml씩
3회 분량

중기
2단계

닭고기 양송이버섯적채죽

적채는 식이섬유가 풍부해서 변비 예방에도 효과적인 식재료죠. 다소 밋밋할 수 있는 식재료의 궁합에는 역시 버섯이 최고! 깊은 감칠맛을 더해주니 맛도 영양도 모두 잡을 수 있어요.

Ingredients

- 중기 쌀가루 40g
- 닭고기육수 300ml
- 닭고기큐브 30g
- 양송이버섯큐브 30g
- 적채큐브 30g

- 미니 밥솥
- 스패출러
- 이유식 용기

1 중기 쌀가루는 찬물에 씻은 뒤 체에 밭쳐 물기를 빼요.

2 밥솥에 중기 쌀가루, 닭고기육수, 닭고기큐브, 양송이버섯큐브, 적채큐브를 넣고 죽 모드(1시간) 버튼을 눌러요.

3 이유식이 완성되면 스패출러로 고루 섞어요.

4 100~120ml씩 3회 분량으로 소분하여 냉장 보관해요.

100~
120ml씩
3회 분량

중기
2단계

소고기 시금치당근죽

시금치는 각종 비타민과 무기질이 골고루 들어있는 우수한 식재료예요. 부드러운 잎 부분만 사용하기 때문에 아기들이 먹기에도 부담이 없죠. 당근, 소고기와 어우러져 맛있게 완성된답니다.

Ingredients

- 중기 쌀가루 40g
- 소고기육수 300ml
- 소고기큐브 30g
- 시금치큐브 30g
- 당근큐브 30g

- 미니 밥솥
- 스패출러
- 이유식 용기

1 중기 쌀가루는 찬물에 씻은 뒤 체에 밭쳐 물기를 빼요.

2 밥솥에 중기 쌀가루, 소고기육수, 소고기큐브, 시금치큐브, 당근큐브를 넣고 죽 모드(1시간) 버튼을 눌러요.

3 이유식이 완성되면 스패출러로 고루 섞어요.

4 100~120ml씩 3회 분량으로 소분하여 냉장 보관해요.

100~
120ml씩
3회 분량

중기
2단계

닭고기 양파연두부죽

연두부는 유아식 식단에도 많이 사용되는 식재료예요. 부드럽게 으깨져서 서연이 비빔밥에도 자주 넣어준답니다. 달콤한 양파와 어우러져 꿀떡꿀떡 넘어가는 이유식이에요.

Ingredients

- 중기 쌀가루 40g
- 닭고기육수 300ml
- 닭고기큐브 30g
- 양파큐브 30g
- 연두부큐브 30g

- 미니 밥솥
- 스패출러
- 이유식 용기

1 중기 쌀가루는 찬물에 씻은 뒤 체에 밭쳐 물기를 빼요.

2 밥솥에 중기 쌀가루, 닭고기육수, 닭고기큐브, 양파큐브, 연두부를 넣고 죽 모드(1시간) 버튼을 눌러요.

3 이유식이 완성되면 스패출러로 고루 섞어요.

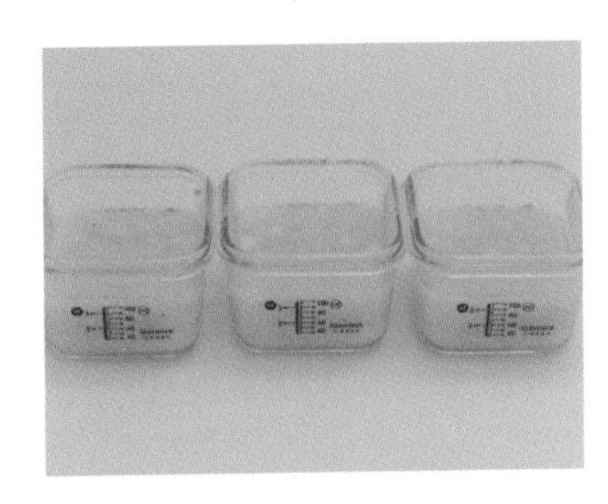

4 100~120ml씩 3회 분량으로 소분하여 냉장 보관해요.

100~
120ml씩
3회 분량

중기
2단계

소고기 배추애호박죽

배추가 들어가는 이유식은 밥솥에서 만들어지는 동안 맛있는 냄새가 폴폴 난답니다. 정성껏 끓여낸 소고기육수의 맛을 한층 깊게 만들어 줘요.

Ingredients

- 중기 쌀가루 40g
- 소고기육수 300ml
- 소고기큐브 30g
- 배추큐브 30g
- 애호박큐브 30g

- 미니 밥솥
- 스패출러
- 이유식 용기

1 중기 쌀가루는 찬물에 씻은 뒤 체에 밭쳐 물기를 빼요.

2 밥솥에 중기 쌀가루, 소고기육수, 소고기큐브, 배추큐브, 애호박큐브를 넣고 죽 모드(1시간) 버튼을 눌러요.

3 이유식이 완성되면 스패출러로 고루 섞어요.

4 100~120ml씩 3회 분량으로 소분하여 냉장 보관해요.

100~
120ml씩
3회 분량

죽기
2단계

닭고기 팽이버섯비트죽

비트는 철분과 비타민, 칼륨이 풍부한 채소지만 가열하면 영양소가 많이 파괴돼요. 생으로 만든 비트큐브를 자연해동한 뒤 이유식이 완성되면 마지막에 섞어주는 방법을 추천할게요.

Ingredients

- 중기 쌀가루 40g
- 닭고기육수 300ml
- 닭고기큐브 30g
- 팽이버섯큐브 30g
- 비트큐브 30g

- 미니 밥솥
- 스패출러
- 이유식 용기

1 중기 쌀가루는 찬물에 씻은 뒤 체에 밭쳐 물기를 빼요.

2 밥솥에 중기 쌀가루, 닭고기육수, 닭고기큐브, 팽이버섯큐브를 넣고 죽 모드(1시간) 버튼을 눌러요.

3 이유식이 완성되면 해동된 비트큐브를 넣고 스패출러로 고루 섞어요.

4 100~120ml씩 3회 분량으로 소분하여 냉장 보관해요.

100~
120ml씩
3회 분량

중기
2단계

소고기 비타민단호박죽

단호박이 들어가는 메뉴는 언제나 싹싹 비워요.
아가들 입맛에도 달콤함이 주는 매력은 어쩔 수가
없나 봐요. 뭐든 잘 먹고 건강하게 자라길 바라요.

Ingredients

- 중기 쌀가루 40g
- 소고기육수 300ml
- 소고기큐브 30g
- 비타민큐브 30g
- 단호박큐브 30g

—

- 미니 밥솥
- 스패출러
- 이유식 용기

1 중기 쌀가루는 찬물에 씻은 뒤 체에 밭쳐 물기를 빼요.

2 밥솥에 중기 쌀가루, 소고기육수, 소고기큐브, 비타민큐브, 단호박큐브를 넣고 죽 모드(1시간) 버튼을 눌러요.

3 이유식이 완성되면 스패출러로 고루 섞어요.

4 100~120ml씩 3회 분량으로 소분하여 냉장 보관해요.

100~
120ml씩

3회 분량

중기

2단계

닭고기 당근양파죽

달콤한 당근에 양파까지 들어간 이번 이유식도 잘 먹어줬던 기억이 나요. 닭고기죽을 특히 좋아하는 서연이! 엄마의 노력을 알아주는 건지, 지금도 편식하지 않고 골고루 먹어줘서 너무 기특해요.

Ingredients

- 중기 쌀가루 40g
- 닭고기육수 300ml
- 닭고기큐브 30g
- 당근큐브 30g
- 양파큐브 30g

- 미니 밥솥
- 스패출러
- 이유식 용기

1 중기 쌀가루는 찬물에 씻은 뒤 체에 밭쳐 물기를 빼요.

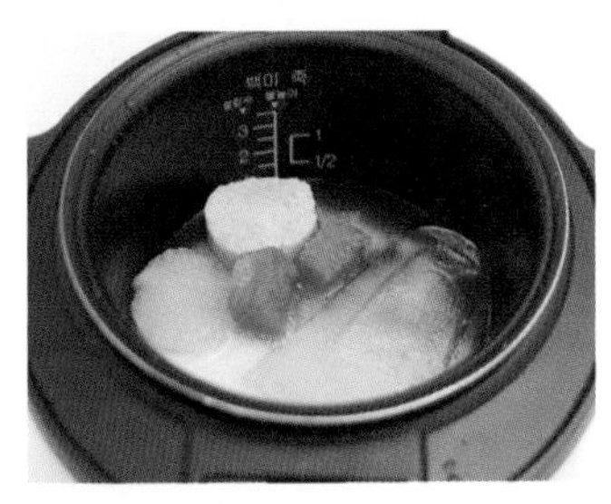

2 밥솥에 중기 쌀가루, 닭고기육수, 닭고기큐브, 당근큐브, 양파큐브를 넣고 죽 모드(1시간) 버튼을 눌러요.

3 이유식이 완성되면 스패출러로 고루 섞어요.

4 100~120ml씩 3회 분량으로 소분하여 냉장 보관해요.

Part 3

후기 이유식
무른 밥

자, 여기까지 달려온 엄마들에게 박수를 보냅니다!
초기 두 달, 그리고 중기 두세 달 동안 밥솥 이유식을 만들어
왔는데요. 지금부터는 하루 세 번 무른 밥 형태의 이유식이
시작됩니다. 기존에 이유식을 만들며 사용하던 미니 밥솥과
일반 밥솥을 이용하면 하루 세 번,
3일치의 이유식이 뚝딱 만들어져요!

Point

기본 정보 알고 가기

스케줄	오전 9시 → 오후 2시 → 오후 7시 하루 3회
섭취량	1단계 130~150ml → 2단계 160ml~190ml 1회당
수유량	400~600ml 하루 3회

이제부터는 쌀알을 사용해요

지금부터는 하루 3회, 성인들과 같은 식사를 하는 시기예요. 먹는 양이 많이 늘어나고, 입자감 연습도 충분히 된 상태랍니다. 치아의 개수도 4~6개 정도로 어금니가 나온 아기들도 있어요. 아기의 저작 운동은 저마다 다르기 때문에 아기의 상태를 잘 관찰한 뒤 입자감을 조금씩 높여가면 됩니다. 중기 이유식까지 사용했던 쌀가루는 이제 사용하지 않아요. **쌀알 한 톨을 온전히 씹을 수 있는 시기예요. 찬물에 불려놨다가 사용하여 4배 무른 밥 형태로 만들어 주세요.**

육수데이&큐브데이

후기 이유식부터는 먹을 수 있는 식재료가 많아져요. 영양을 고려한 다양한 식단이 필요해요. 흰 살 생선이 포함되면서 한 가지 육수를 더 만들도록 해요. 추가되는 채소들 역시 큐브로 만들어두면 편하겠죠? **소진한 큐브들을 추가로 만들어 둘 때는 아기의 상태에 따라 입자감을 조절해 주세요.** 거부감 없이 잘 먹는 아기라면 조금씩 입자감을 높여서 만들어두는 거예요. 육수데이, 큐브데이를 만들어서 틈틈이 채워두는 것 잊지 마세요!
후기 이유식 레시피부터는 식단표에 있는 모든 이유식 레시피를 소개하지는 않을 거예요. 쌀알 입자가 커지고 농도가 약간 되직해졌을 뿐 밥솥과 큐브를 이용해서 만든다는 점은 모두 동일하답니다. 새롭게 추가되는 식재료가 들어가는 레시피 위주로 소개할게요!

2 in 1
하나의 밥솥으로 두 가지 이유식 만들기

하루 세 번으로 횟수는 물론 한 번에 섭취하는 양도 확연히 늘어나는 후기 이유식! 소고기, 닭고기, 대구살을 메인으로 하는 세 가지 이유식을 3일치씩 만드는 꿀팁이 여기 있답니다. 지금부터는 기존에 집에서 사용하던 9인용 밥솥을 추가로 이용할 거예요. 원래 만들던 미니 밥솥에 중기 이유식 때와 동일하게 한 가지, 9인용 밥솥에 내열용기를 사용하여 두 가지 이유식을 섞이지 않고 만들 수 있어요. 단, 2 in 1 이유식에서는 몇 가지 팁이 있으니 이것만 유념해 주세요!

- 유리로 된 내열 용기를 사용해요.
- 육수는 해동 후 액체 상태로 사용해요.
- 밥솥에 내열 용기를 먼저 넣은 뒤 큐브 → 불린 쌀 → 육수 순으로 넣어요.
- 쌀을 넣을 때는 숟가락으로 군데군데 고루 넣어요.

육수 만들기

지금까지는 소고기가 들어가는 이유식에는 소고기육수를,
닭고기가 들어가는 이유식에는 닭고기육수를 사용해서 이유식을
만들었어요. 후기부터는 흰 살 생선이 대표 식재료로 추가되는 이유식이
나와요. 흰 살 생선을 넣어 만든 이유식에는 채소육수를 사용했어요.
채소육수에 들어가는 채소의 종류는 크게 중요하지 않아요. 시원한 맛을
내는 무를 기본으로 단맛을 주는 다양한 채소를 넣어 주세요.
양파나 당근이 들어가면 단맛을 주고, 버섯이 들어가면
깊은 감칠맛을 준답니다. 채소육수는 어른들 국을 끓이거나
탕을 만들 때도 활용할 수 있는 만능 육수랍니다.

채소육수

준비물 → 물 3,000ml, 무 1/2개, 양파 1개, 당근 1개, 대파 1대, 새송이버섯 1개
완성량 → 2,000ml

1 무와 버섯은 깨끗이 씻어요.

2 당근은 필러로 껍질을 벗기고, 양파도 껍질을 벗겨요.

3 대파는 깨끗이 씻어요. 흰 부분, 초록색 부분 모두 사용해요. 파 뿌리째 구매했다면 함께 넣어요.

4 찬물에 손질한 채소를 모두 넣어 센 불에서 끓여요.

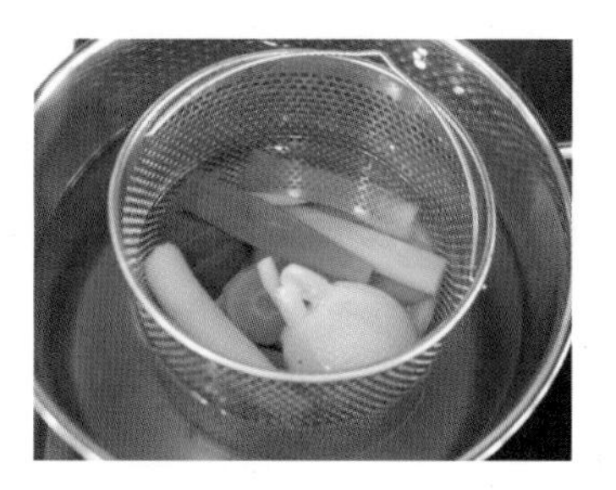

5 끓어오르면 약불로 줄여 1시간 정도 푹 끓여요.

6 한 김 식힌 뒤 재료를 건져요.

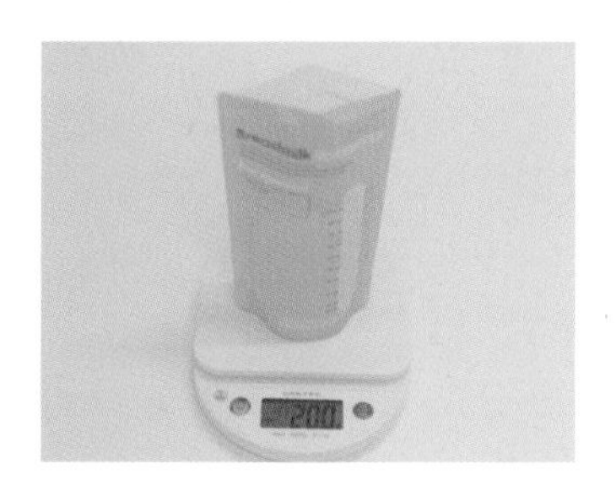

7 육수는 소분하여 냉동 보관해요.

후기 이유식

1단계

9~10month

후기부터는 소고기, 닭고기의 양이 늘어나요.

게다가 빠르게 기어 다니는 것은 물론 잡고 일어서서 걸으려고 하면서

신체 활동량이 늘어나기 때문에 더욱 **고기 섭취에 온 힘을 쏟을 때**랍니다.

책에서는 30g을 큐브 1개로 만들었기 때문에 큐브를 2개씩 사용할 거예요.

만약 15g 짜리 큐브를 만들었다면 4개를 넣어주면 됩니다.

3회 분량을 만들 때 고기는 60g이 들어간다는 점만 기억하세요!

다양한 식재료가 추가되는 후기 이유식!

쌀의 양이 조금 늘어나서 **농도가 되직**해진답니다.

죽의 형태가 아닌 **무른 밥의 형태**를 띠게 되죠.

다양한 재료 손질법부터 큐브 만들기까지 차근차근 함께 해 보아요.

후기 이유식 1단계 한 달 식단표

1~3일차	❶ 소고기양배추미역무른밥 / 닭고기양파표고버섯무른밥 / 대구살애호박두부무른밥
4~6일차	❷ 소고기파프리카양송이무른밥 / 닭고기단호박가지무른밥 / 대구살비타민당근무른밥
8~10일차	❸ 소고기감자새송이무른밥 / 닭고기양송이부추무른밥 / 대구살브로콜리연두부무른밥
10~13일차	❹ 소고기연근무표고버섯무른밥 / 닭고기애호박고구마무른밥 / 대구살양배추감자무른밥
13~14일차	❺ 소고기청경채팽이버섯무른밥 / 닭고기비트콜리플라워무른밥 / 대구살양파단호박무른밥
16~19일차	❻ 소고기적채시금치무른밥 / 닭고기브로콜리파프리카무른밥 / 대구살미역숙주나물무른밥
19~21일차	❼ 소고기비타민배추무른밥 / 닭고기당근찹쌀무른밥 / 대구살양파우엉달걀무른밥
22~24일차	❽ 소고기애호박가지무른밥 / 닭고기감자청경채무른밥 / 대구살비트가지무른밥
25~27일차	❾ 소고기양파단호박무른밥 / 닭고기시금치우엉무른밥 / 대구살배추표고버섯무른밥
29~30일차	❿ 대구살파프리카시금치무른밥 / 소고기당근미역무른밥 / 닭고기양배추새송이버섯달걀무른밥

추가되는 식재료

대구살, 연근, 우엉, 달걀노른자, 부추,
숙주나물, 파프리카, 표고버섯, 미역, 참기름

재료 손질법 및 큐브 만들기

연근큐브

TIP 연근은 한 뿌리를 통째로 구매하기 부담돼요. 마트에 가면 손질된 연근을 쉽게 구입할 수 있어요.

1 손질된 연근은 적당한 크기로 썰어요.

2 끓는 물에 식초 1작은술을 넣고 10분 정도 삶아 푹 익혀요.

3 다지기나 칼로 2~3mm 길이로 잘게 다져요.

4 큐브에 30g씩 담은 뒤 하루 정도 냉동해요.

달걀노른자

TIP 달걀노른자는 이유식을 먹기 전 솔솔 뿌려 섞은 뒤 섭취해요. 달걀노른자 1개가 한 끼 분량입니다.

1 달걀은 찬물에 넣고 센 불에서 10분간 끓여요.

2 찬물에 담가 식혀요.

3 껍질을 벗긴 뒤 노른자만 분리해요.

4 절구를 이용해 곱게 갈아 냉장 보관해요.

03 우엉큐브

TIP 마트에 가면 껍질을 손질하여 채 썰어둔 우엉을 쉽게 구할 수 있어요.

1 손질된 우엉채는 적당한 크기로 썰어요.

2 끓는 물에 식초 1작은술을 넣고 10분 정도 삶아 푹 익혀요.

3 다지기나 칼로 2~3mm 길이로 잘게 다져요.

4 큐브에 30g씩 담은 뒤 하루 정도 냉동해요.

04 부추큐브

1 부추는 뿌리 부분을 잘라내요.

2 칼로 2~3mm 길이로 잘게 다져요.

3 큐브에 30g씩 담은 뒤 물을 한 숟가락씩 넣어 하루 정도 냉동 보관해요.

TIP 부추는 익혀서 다지면 썰기 어려워 익히는 과정을 생략해요.

05 숙주나물큐브

1 숙주나물은 깨끗하게 씻은 뒤 시든 줄기를 골라내요.

2 끓는 물에 넣고 1~2분 정도 데쳐요.

3 다지기나 칼로 2~3mm 길이로 잘게 다져요.

4 큐브에 30g씩 담은 뒤 하루 정도 냉동해요.

06 표고버섯큐브

1 표고비섯은 밑동을 떼어내고 갓 부분만 사용해요.

2 나시기나 칼로 2~3mm 길이로 잘게 다져요.

3 큐브에 30g씩 담은 뒤 하루 정도 냉동해요.

07 파프리카큐브

1 파프리카는 꼭지를 제거해요.

2 씨를 제거한 뒤 적당한 크기로 썰어요.

3 끓는 물에 넣고 1~2분 정도 데쳐요.

4 다지기나 칼로 2~3mm 길이로 잘게 다져요.

5 큐브에 30g씩 담은 뒤 하루 정도 냉동해요.

08 미역큐브

1 미역은 10분 이상 불린 뒤 깨끗하게 씻어 적당한 크기로 잘라요.

2 믹서에 넣어 윙윙 몇 번 돌려서 갈아요.

3 큐브에 30g씩 담은 뒤 하루 정도 냉동해요. 지퍼백에 옮겨 밀봉한 뒤 냉동 보관해요.

TIP 미역은 이유식용으로 작게 잘라져 있는 미역을 사용했어요. 입자감이 어느 정도 있어야 해요. 아가의 입맛에 맞춰주세요.

09 대구살큐브

생선살은 집에서 손질하기 쉽지 않은 식재료 중 하나예요. 순살만 발라내어 먹기 좋게 다져진 큐브를 쉽게 구할 수 있어요. 헬로네이처, 마켓컬리 등에서 구매할 수 있어요.

Tip

우리 서연이는요!

서연이의 경우 후기 이유식을 2개월 동안 유지했어요. 정말 고맙게도 식재료에 대한 알레르기 반응이나 특히 먹지 않았던 식재료는 없어서 한결 수월하게 진행해 온 것 같아요. 흰 살 생선은 보통 대구살을 사용하는데, 뒤로 가면서는 광어살이나 가자미살 등도 사용했어요. 다양한 사이트에서 큐브로 만들어진 생선살을 구할 수 있어서 편리했어요.

130~
150ml씩
3회 분량

후기
1단계

소고기양배추 미역무른밥

소고기와 미역은 궁합이 아주 좋은 식재료예요. 바다의 채소라 불리는 미역에는 칼슘이 풍부하게 들어있어 뼈를 튼튼하게 해준답니다. 양배추의 섬유질을 더해 건강하게 즐길 수 있어요.

Ingredients

- 쌀 60g
- 소고기육수 240ml
- 소고기큐브 60g
- 양배추큐브 30g
- 미역큐브 30g

—

- 미니 밥솥
- 스패출러
- 이유식 용기

1 쌀은 찬물에 씻어 물에 담가 30분간 불린 뒤 체에 밭쳐 물기를 빼요.

2 밥솥에 불린 쌀, 소고기육수, 소고기큐브, 양배추큐브, 미역큐브를 넣고 죽 모드(1시간) 버튼을 눌러요.

3 이유식이 완성되면 스패출러로 고루 섞어요.

4 130~150ml씩 3회 분량으로 소분하여 냉장 보관해요.

130~150ml씩

3회 분량

후기 1단계

소고기파프리카 양송이버섯무른밥

파프리카는 특유의 향이 있어서 후기 이유식에 사용하는 것을 권장해요. 비타민 C가 풍부하고 단맛이 나서 다양한 요리에 두루 사용된답니다. 소고기와 양송이버섯과도 잘 어울리는 식재료예요.

Ingredients

- 쌀 60g
- 소고기육수 240ml
- 소고기큐브 60g
- 파프리카큐브 30g
- 양송이버섯큐브 30g

—

- 미니 밥솥
- 스패출러
- 이유식 용기

1 쌀은 찬물에 씻어 물에 담가 30분간 불린 뒤 체에 밭쳐 물기를 빼요.

2 밥솥에 불린 쌀, 소고기육수, 소고기큐브, 파프리카큐브, 양송이버섯큐브를 넣고 죽 모드(1시간) 버튼을 눌러요.

3 이유식이 완성되면 스패출러로 고루 섞어요.

4 130~150ml씩 3회 분량으로 소분하여 냉장 보관해요.

130~
150ml씩
3회 분량

후기
1단계

소고기연근무 표고버섯무른밥

연근은 우엉과 함께 대표적인 뿌리채소예요. 아삭거리는 식감이 있어 거부하는 아이들이 있을 수 있어요. 큐브를 만들 때 푹 익혀서 잘게 다져주세요. 표고버섯이 깊은 감칠맛을 더해줘 맛있게 즐길 수 있는 메뉴랍니다.

Ingredients

- 쌀 60g
- 소고기육수 240ml
- 소고기큐브 60g
- 연근큐브 30g
- 무큐브 30g
- 표고버섯큐브 30g

- 미니 밥솥
- 스패출러
- 이유식 용기

1 쌀은 찬물에 씻어 물에 담가 30분간 불린 뒤 체에 밭쳐 물기를 빼요.

2 밥솥에 불린 쌀, 소고기육수, 소고기큐브, 연근큐브, 무큐브, 표고버섯큐브를 넣고 죽 모드(1시간) 버튼을 눌러요.

3 이유식이 완성되면 스패출러로 고루 섞어요.

4 130~150ml씩 3회 분량으로 소분하여 냉장 보관해요.

130~
150ml씩
3회 분량

후기
1단계

닭고기양송이버섯 부추무른밥

부추는 따뜻한 성질을 가진 식재료로 비타민 A와 C가 풍부해요. 특히 닭고기와는 궁합이 잘 맞지만 소고기와는 좋지 않다고 하니 염두에 두는 것이 좋겠죠?

Ingredients

- 쌀 60g
- 닭고기육수 240ml
- 닭고기큐브 60g
- 양송이버섯큐브 30g
- 부추큐브 30g

- 미니 밥솥
- 스패출러
- 이유식 용기

1 쌀은 찬물에 씻어 물에 담가 30분간 불린 뒤 체에 밭쳐 물기를 빼요.

2 밥솥에 불린 쌀, 닭고기육수, 닭고기큐브, 양송이버섯큐브, 부추큐브를 넣고 죽 모드(1시간) 버튼을 눌러요.

3 이유식이 완성되면 스패출러로 고루 섞어요.

4 130~150ml씩 3회 분량으로 소분하여 냉장 보관해요.

130~
150ml씩
3회 분량

후기
1단계

닭고기브로콜리 파프리카무른밥

붉은 색감이 눈길을 사로잡아요. 이 메뉴에는 아기 치즈를 한 장 올려서 즐기는 것을 추천할게요. 부드러운 리소토처럼 즐길 수 있고, 강한 파프리카의 향을 눌러주기도 해요.

Ingredients

- 쌀 60g
- 닭고기육수 240ml
- 닭고기큐브 60g
- 브로콜리큐브 30g
- 파프리카큐브 30g

- 미니 밥솥
- 스패출러
- 이유식 용기

1 쌀은 찬물에 씻어 물에 담가 30분간 불린 뒤 체에 밭쳐 물기를 빼요.

2 밥솥에 불린 쌀, 닭고기육수, 닭고기큐브, 브로콜리큐브, 파프리카큐브를 넣고 죽 모드(1시간) 버튼을 눌러요.

3 이유식이 완성되면 스패출러로 고루 섞어요.

4 130~150ml씩 3회 분량으로 소분하여 냉장 보관해요.

130~
150ml씩
3회 분량

후기
1단계

닭고기양배추새송이버섯달걀무른밥

후기부터는 달걀노른자를 사용할 수 있어요. 흰자는 알레르기 반응이 많은 식재료이기 때문에 돌이 지난 이후 먹여요. 달걀노른자만 곱게 으깨서 무른 밥 위에 뿌려 주세요. 샛노란 빛깔 때문에 없던 입맛도 살아날 거예요.

Ingredients

- 쌀 60g
- 닭고기육수 240ml
- 닭고기큐브 60g
- 양배추큐브 30g
- 새송이버섯큐브 30g
- 달걀노른자 1개

—

- 미니 밥솥
- 스패출러
- 이유식 용기

1 쌀은 찬물에 씻어 물에 담가 30분간 불린 뒤 체에 밭쳐 물기를 빼요.

2 밥솥에 불린 쌀, 닭고기육수, 닭고기큐브, 양배추큐브, 새송이버섯큐브를 넣고 죽 모드(1시간) 버튼을 눌러요.

3 이유식이 완성되면 스패출러로 고루 섞어요.

4 130~150ml씩 3회 분량으로 소분하여 냉장 보관해요. 달걀노른자는 갈아뒀다가 먹기 전에 뿌려요.

130~
150ml씩
3회 분량

후기
1단계

대구살애호박 두부무른밥

생선으로 이유식을 시작할 때는 흰 살 생선 중에서도 가장 맛과 육질이 순한 대구살을 사용하는 것이 좋아요. 달큼한 채소육수와 잘 어우러진답니다. 대구살 이유식은 먹기 직전 참기름을 두 방울 떨어뜨려 섞어주면 비릿함도 사라지고 고소함이 배가 되어 아이들이 더 잘 먹어요. 꼭 기억해 두세요.

Ingredients

- 쌀 60g
- 채소육수 240ml
- 대구살큐브 60g
- 애호박큐브 30g
- 두부큐브 30g

- 미니 밥솥
- 스패출러
- 이유식 용기

1 쌀은 찬물에 씻어 물에 담가 30분간 불린 뒤 체에 밭쳐 물기를 빼요.

2 밥솥에 불린 쌀, 채소육수, 대구살큐브, 애호박큐브, 두부큐브를 넣고 죽 모드(1시간) 버튼을 눌러요.

3 이유식이 완성되면 스패출러로 고루 섞어요.

4 130~150ml씩 3회 분량으로 소분하여 냉장 보관해요.

130~
150ml씩

3회 분량

후기
1단계

대구살양파 단호박무른밥

달콤한 양파와 단호박과 함께 넣어 부드럽게 즐길 수 있는 메뉴랍니다. 서연이도 단호박이 들어간 이유식은 좋아했던 기억이 나요. 색깔이 예뻐서 그런지 달콤한 향에 끌려서 그런 건지 더 먹겠다고 했던 메뉴는 대부분 달콤한 채소가 들어갔을 때였어요.

Ingredients

- 쌀 60g
- 채소육수 240ml
- 대구살큐브 60g
- 양파큐브 30g
- 단호박큐브 30g

—

- 미니 밥솥
- 스패출러
- 이유식 용기

1 쌀은 찬물에 씻어 물에 담가 30분간 불린 뒤 체에 밭쳐 물기를 빼요.

2 밥솥에 불린 쌀, 채소육수, 대구살큐브, 양파큐브, 단호박큐브를 넣고 죽 모드(1시간) 버튼을 눌러요.

3 이유식이 완성되면 스패출러로 고루 섞어요.

4 130~150ml씩 3회 분량으로 소분하여 냉장 보관해요.

130~
150ml씩
3회 분량

후기
1단계

대구살배추 표고버섯무른밥

배추는 국물 맛을 시원하게 해주는 식재료예요. 수분은 물론 칼슘과 비타민, 무기질 등의 영양소가 풍부하답니다. 생선과도 잘 어울려서 대구살이 들어가는 이유식에 자주 넣었어요. 표고버섯으로 영양까지 더했답니다.

- 쌀 60g
- 채소육수 240ml
- 대구살큐브 60g
- 배추큐브 30g
- 표고버섯큐브 30g

- 미니 밥솥
- 스패출러
- 이유식 용기

1 쌀은 찬물에 씻어 물에 담가 30분간 불린 뒤 체에 밭쳐 물기를 빼요.

2 밥솥에 불린 쌀, 채소육수, 대구살큐브, 배추큐브, 표고버섯큐브를 넣고 죽 모드(1시간) 버튼을 눌러요.

3 이유식이 완성되면 스패출러로 고루 섞어요.

4 130~150ml씩 3회 분량으로 소분하여 냉장 보관해요.

후기 이유식

2단계

10~11month

이제 후기 이유식도 끝을 향해 달려갑니다.

입자감과 농도, 하루 세 번 식사에 완벽하게 적응한 우리 아이들이 조금 더

다양한 식재료를 경험할 수 있게 도와주세요. 생선의 경우

흰 살 생선만 먹였다면 이제부터는

연어, 잔멸치 등도 맛볼 수 있답니다. **곡류의 종류가 늘어나고**

웬만한 **채소류는 다 먹을 수 있다**고 보면 됩니다.

후기 이유식 2단계 한 달 식단표

1일차	2일차	3일차	4일차	5일차	6일차	7일차
❶ 소고기파프리카감자무른밥 닭고기브로콜리팽이버섯무른밥 대구살공나물언두부무른밥			❷ 소고기당근콜리플라워무른밥 닭고기단호박비트무른밥 대구살완두콩애호박무른밥			
8일차	**9일차**	**10일차**	**11일차**	**12일차**	**13일차**	**14일차**
❸ 소고기무배추검은콩무른밥 닭고기비타민고구마무른밥 대구살당근브로콜리무른밥		❹ 소고기시금치단호박무른밥 닭고기완두콩새송이버섯무른밥 대구살콩나물달걀무른밥			❺ 소고기애호박비타민무른밥 닭고기당근양파무른밥 연어청경채콜리플라워무른밥	
15일차	**16일차**	**17일차**	**18일차**	**19일차**	**20일차**	**21일차**
	❻ 소고기아스파라거스양송이버섯무른밥 닭고기감자가지밤무른밥 대구살배추양파무른밥			❼ 소고기미역적채무른밥 닭고기연두부콜리플라워무른밥 대구살숙주새송이버섯무른밥		
22일차	**23일차**	**24일차**	**25일차**	**26일차**	**27일차**	**28일차**
❽ 소고기청경채두부무른밥 닭고기부추연근무른밥 대구살잔멸치적채무른밥			❾ 소고기감자가지무른밥 닭고기시금치양배추무른밥 대구살양송이버섯밤무른밥			
29일차	**30일차**					
❿ 소고기콜리플라워표고버섯무른밥 닭고기비타민배추무른밥 연어파프리카치즈무른밥						

추가되는 식재료

연어, 콩나물, 잔멸치, 검은콩, 완두콩, 밤, 아스파라거스

재료 손질법 및 큐브 만들기

01 콩나물큐브

1 콩나물은 머리와 뿌리를 제거해요.

2 끓는 물에 넣고 1~2분 정도 데쳐요.

3 다지기나 칼로 2~3mm 길이로 잘게 다져요.

4 큐브에 30g씩 담은 뒤 하루 정도 냉동해요.

02 검은콩큐브

1 검은콩은 물에 넣어 3~4시간 정도 불려요. 전날 밤에 물에 불려두면 편해요.

2 손으로 비벼 껍질을 벗겨요.

3 다지기나 칼로 2~3mm 길이로 잘게 다져요.

4 큐브에 30g씩 담은 뒤 하루 정도 냉동해요.

03 완두콩큐브

TIP 완두콩은 마트에서는 쉽게 볼 수 없어요. 마켓컬리나 헬로네이처 등에서 손질된 유기농 완두콩을 구매할 수 있어요.

1 끓는 물에 소금 약간, 완두콩을 넣고 1분 정도 데쳐요.

2 완두콩 껍질을 벗겨요.

3 다지기나 칼로 2~3mm 길이로 잘게 다져요.

4 큐브에 30g씩 담은 뒤 하루 정도 냉동해요.

04 밤큐브

1 깐 밤은 깨끗하게 씻은 뒤 찜기에서 20분 정도 쪄요.

2 다지기나 칼로 2~3mm 길이로 잘게 다져요.

3 큐브에 30g씩 담은 뒤 하루 정도 냉동해요.

05 잔멸치

TIP 손질한 잔멸치는 완성된 이유식에 한 숟가락 정도 떠 넣어요. 30g 큐브를 만들어서 하나를 넣기에는 비린 맛이 강해져요.

1 아기용 잔멸치는 찬물에 30분 정도 담가 짠맛을 빼요.

2 찬물에 헹군 뒤 체에 밭쳐 물기를 빼요.

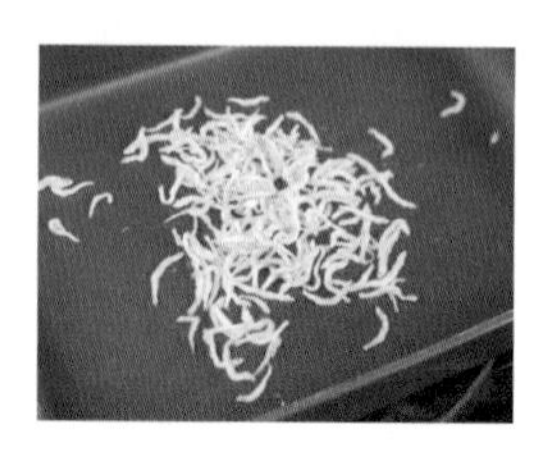

3 마른 팬에 수분이 날아갈 정도로만 살짝 볶아요.

4 절구에서 적당한 크기로 갈아내요. 밀폐용기에 담아 냉장 보관해요.

아스파라거스

TIP 이유식 재료를 판매하는 사이트에서 다진 아스파라거스를 쉽게 구할 수 있어요.

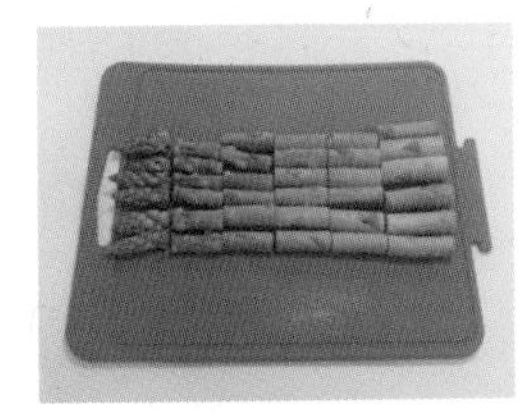

1 아스파라거스는 적당한 크기로 잘라요.

2 끓는 물에 2~3분간 데쳐요.

3 다지기나 칼로 2~3mm 길이로 잘게 다져요.

4 큐브에 30g씩 담은 뒤 하루 정도 냉동해요.

연어큐브

연어는 오메가 3와 DHA가 풍부하게 함유되어 있는 건강한 생선이에요. 마켓컬리나 헬로네이처 등의 사이트에서 다짐 연어살을 쉽게 구매할 수 있어요.

160~
190ml
3회 분량

후기
2단계

소고기무배추 검은콩무른밥

검은콩은 '블랙푸드'의 대표주자라 할 수 있어요. 껍질은 질기니 벗겨내고 사용해요. 오물오물 씹는 것을 좋아하는 아기라면 껍질을 벗긴 콩을 통째로 넣어도 좋아요. 꿀떡 삼키더라도 작은 크기라서 위험하지 않답니다.

Ingredients

- 쌀 80g
- 소고기육수 240ml
- 소고기큐브 60g
- 무큐브 30g
- 배추큐브 30g
- 검은콩큐브 30g

- 미니 밥솥
- 스패출러
- 이유식 용기

1 쌀은 찬물에 씻어 물에 담가 30분간 불린 뒤 체에 밭쳐 물기를 빼요.

2 밥솥에 불린 쌀, 소고기육수, 소고기큐브, 무큐브, 배추큐브, 검은콩큐브를 넣고 죽 모드(1시간) 버튼을 눌러요.

3 이유식이 완성되면 스패출러로 고루 섞어요.

4 160~190ml씩 3회 분량으로 소분하여 냉장 보관해요.

160~
190ml
3회 분량

후기
2단계

소고기아스파라거스 양송이버섯무른밥

아스파라거스는 담백한 맛과 아삭한 식감이 특징인 채소예요. 소고기와 아스파라거스는 스테이크를 먹을 때도 곁들일 정도로 궁합이 좋은 식재료예요. 양송이버섯을 넣어 풍미를 더해줬답니다.

Ingredients

- 쌀 80g
- 소고기육수 240ml
- 소고기큐브 60g
- 아스파라거스큐브 30g
- 양송이버섯큐브 30g

- 미니 밥솥
- 스패출러
- 이유식 용기

1 쌀은 찬물에 씻어 물에 담가 30분간 불린 뒤 체에 밭쳐 물기를 빼요.

2 밥솥에 불린 쌀, 소고기육수, 소고기큐브, 아스파라거스큐브, 양송이버섯큐브를 넣고 죽 모드(1시간) 버튼을 눌러요.

3 이유식이 완성되면 스패출러로 고루 섞어요.

4 160~190ml씩 3회 분량으로 소분하여 냉장 보관해요.

160~
190ml
3회 분량

후기
2단계

소고기시금치 단호박무른밥

달콤한 단호박의 맛과 향이 소고기와 참 잘 어울려요.
시금치가 들어가서 알록달록한 색깔이 눈길을
사로잡아요. 역시나 단호박이 들어가면 실패 확률 제로!

Ingredients

- 쌀 80g
- 소고기육수 240ml
- 소고기큐브 60g
- 시금치큐브 30g
- 단호박큐브 30g

- 미니 밥솥
- 스패출러
- 이유식 용기

1 쌀은 찬물에 씻어 물에 담가 30분간 불린 뒤 체에 밭쳐 물기를 빼요.

2 밥솥에 불린 쌀, 소고기육수, 소고기큐브, 시금치큐브, 단호박큐브를 넣고 죽 모드(1시간) 버튼을 눌러요.

3 이유식이 완성되면 스패출러로 고루 섞어요.

4 160~190ml씩 3회 분량으로 소분하여 냉장 보관해요.

160~
190ml

3회 분량

후기
2단계

닭고기완두콩 새송이버섯무른밥

완두콩은 서연이가 참 좋아하는 식재료 중 하나예요.
닭고기와 어우러지면 부드러우면서도 고소하게 즐길 수 있어요. 새송이버섯으로 식감까지 더해준 메뉴랍니다.

Ingredients

- 쌀 80g
- 닭고기육수 240ml
- 닭고기큐브 60g
- 완두콩큐브 30g
- 새송이버섯큐브 30g

- 미니 밥솥
- 스패출러
- 이유식 용기

1 쌀은 찬물에 씻어 물에 담가 30분간 불린 뒤 체에 밭쳐 물기를 빼요.

2 밥솥에 불린 쌀, 닭고기육수, 닭고기큐브, 완두콩큐브, 새송이버섯큐브를 넣고 죽 모드(1시간) 버튼을 눌러요.

3 이유식이 완성되면 스패출러로 고루 섞어요.

4 160~190ml씩 3회 분량으로 소분하여 냉장 보관해요.

닭고기감자 가지밤무른밥

탄수화물, 단백질, 지방 등이 고루 함유된 밤은 영양 덩어리랍니다. 살이 잘 안 찌는 아기에게 밤을 간식으로 먹이라고 할 정도로 밤은 영양 만점 식재료죠. 처음부터 밥솥에 넣어도 좋고 해동해서 먹기 전 이유식 위에 뿌려주어도 좋아요.

Ingredients

- 쌀 80g
- 닭고기육수 240ml
- 닭고기큐브 60g
- 감자큐브 30g
- 가지큐브 30g
- 밤큐브 30g

- 미니 밥솥
- 스패출러
- 이유식 용기

1 쌀은 찬물에 씻어 물에 담가 30분간 불린 뒤 체에 밭쳐 물기를 빼요.

2 밥솥에 불린 쌀, 닭고기육수, 닭고기큐브, 감자큐브, 가지큐브, 밤큐브를 넣고 죽 모드(1시간) 버튼을 눌러요.

3 이유식이 완성되면 스패출러로 고루 섞어요.

4 160~190ml씩 3회 분량으로 소분하여 냉장 보관해요.

160~
190ml
3회 분량

후기
2단계

닭고기비타민 배추무른밥

닭고기와 잘 어울리는 배추와 향긋한 비타민이 만났어요.
배추 특유의 달큼하면서 시원한 맛이 일품이랍니다.
이유식을 통해 다양한 채소를 섭취할 수 있어서 건강하게
쑥쑥 자라주는 우리 아기, 얼마나 고마운지 몰라요!

Ingredients

- 쌀 80g
- 닭고기육수 240ml
- 닭고기큐브 60g
- 비타민큐브 30g
- 배추큐브 30g

- 미니 밥솥
- 스패출러
- 이유식 용기

1 쌀은 찬물에 씻어 물에 담가 30분간 불린 뒤 체에 밭쳐 물기를 빼요.

2 밥솥에 불린 쌀, 닭고기육수, 닭고기큐브, 비타민큐브, 배추큐브를 넣고 죽 모드(1시간) 버튼을 눌러요.

3 이유식이 완성되면 스패출러로 고루 섞어요.

4 160~190ml씩 3회 분량으로 소분하여 냉장 보관해요.

160~
190ml
3회 분량

후기
2단계

대구살콩나물 연두부무른밥

처음 사용되는 식재료인 콩나물은 시원한 국물 맛의 일등공신이죠. 비타민 C가 풍부하게 들어있어 영양적으로도 뛰어나답니다. 부드러운 연두부는 큐브를 만들지 않고 바로 넣어요. 대구살과 연두부, 콩나물이 잘 어우러진 영양식이랍니다.

Ingredients

- 쌀 80g
- 채소육수 240ml
- 대구살큐브 60g
- 콩나물큐브 30g
- 연두부 30g

- 미니 밥솥
- 스패출러
- 이유식 용기

1 쌀은 찬물에 씻어 물에 담가 30분간 불린 뒤 체에 밭쳐 물기를 빼요.

2 밥솥에 불린 쌀, 채소육수, 대구살큐브, 콩나물큐브, 연두부를 넣고 죽 모드(1시간) 버튼을 눌러요.

3 이유식이 완성되면 스패출러로 고루 섞어요.

4 160~190ml씩 3회 분량으로 소분하여 냉장 보관해요.

160~
190ml

3회 분량

후기
2단계

잔멸치는 유아식 반찬으로도 많이 사용되는 1등 반찬이에요. 칼슘 덩어리인 잔멸치는 찬물에 오래 담가 짠 맛을 뺀 뒤 사용해요. 부드러운 대구살과 잘 어울리는 식재료랍니다.

Ingredients

- 쌀 80g
- 채소육수 240ml
- 대구살큐브 60g
- 적채큐브 30g
- 잔멸치 5g

- 미니 밥솥
- 스패출러
- 이유식 용기

1 쌀은 찬물에 씻어 물에 담가 30분간 불린 뒤 체에 밭쳐 물기를 빼요.

2 밥솥에 불린 쌀, 채소육수, 대구살큐브, 적채큐브를 넣고 죽 모드(1시간) 버튼을 눌러요.

3 이유식이 완성되면 손질한 잔멸치를 넣고 스패출러로 고루 섞어요.

4 160~190ml씩 3회 분량으로 소분하여 냉장 보관해요.

160~
190ml
3회 분량

후기
2단계

연어청경채 콜리플라워무른밥

연어는 특유의 향이 있어서 거부하는 아이들이 있을 수 있어요. 그렇다면 아기 치즈가 정답! 부드럽게 어우러져 잘 먹어요. 콜리플라워와 청경채로 예쁜 색감까지 더해 주세요.

Ingredients

- 쌀 80g
- 채소육수 240ml
- 연어살큐브 60g
- 청경채큐브 30g
- 콜리플라워큐브 30g

- 미니 밥솥
- 스패출러
- 이유식 용기

1 쌀은 찬물에 씻어 물에 담가 30분간 불린 뒤 체에 밭쳐 물기를 빼요.

2 밥솥에 불린 쌀, 채소육수, 연어살큐브, 청경채큐브, 콜리플라워큐브를 넣고 죽 모드(1시간) 버튼을 눌러요.

3 이유식이 완성되면 스패출러로 고루 섞어요.

4 160~190ml씩 3회 분량으로 소분하여 냉장 보관해요.

160~
190ml
3회 분량

후기
2단계

연어파프리카 치즈무른밥

연어와 파프리카는 잘 어울리는 식재료예요. 파프리카와 치즈가 어우러져 피자 같은 느낌을 줘요. DHA가 풍부한 연어는 녹황색 채소와 궁합이 잘 맞아요. 소화와 흡수가 잘 돼 어린이나 노약자에게 특히 좋은 식재료랍니다.

Ingredients

- 쌀 80g
- 채소육수 240ml
- 연어살큐브 60g
- 파프리카큐브 30g
- 아기 치즈 1장

- 미니 밥솥
- 스패출러
- 이유식 용기

1 쌀은 찬물에 씻어 물에 담가 30분간 불린 뒤 체에 밭쳐 물기를 빼요.

2 밥솥에 불린 쌀, 채소육수, 연어살큐브, 파프리카큐브를 넣고 죽 모드(1시간) 버튼을 눌러요.

3 이유식이 완성되면 아기 치즈를 넣고 스패출러로 고루 섞어요.

4 160~190ml씩 3회 분량으로 소분하여 냉장 보관해요.

Part 4

완료기 이유식 &유아식

지금까지 엄마표 이유식을 진행해온 그대들, 정말 대단해요!
그동안 고생 많으셨어요. 후기 이유식을 끝냈다면
이제 12개월 이상이 되었을 거예요. 지금부터 정해진 식단표는
의미가 없어요. 아기가 원하는대로 다양하게 제공해 주세요.
완료기 이유식과 유아식을 함께 소개할게요.

Point

기본 정보 알고 가기

스케줄	오전 9시 → 오후 2시 → 오후 7시 하루 3회
섭취량	190~220ml 1회당
수유량	400ml 이하 하루 1~2회

완료기 이유식 너무 힘들어요!

완료기 이유식은 젖병을 완전히 떼고 숟가락과 포크, 컵을 사용하는 시기랍니다. 엄마는 이유식 만드는 것에 어느 정도 요령이 생겨 편해졌고, 아기도 하루 세 번 식사에 적응이 된 상태예요. 외출이 늘어나고 활동량이 늘어나면서 간식의 양도 늘어나게 되죠. 아기에 따라 생우유를 먹기 시작하는 시기이기도 합니다.

가만히 앉아 아기 새처럼 입을 벌리고 줄줄 흘리면서 미음을 받아먹던 때가 엊그제 같은데 어느덧 돌을 앞두고 있는 우리 아기들. 이제는 제법 의사 표현도 하고, 어른들이 먹는 음식에 관심을 보인답니다. 미각도 점점 발달해서 맛이 없는 음식은 먹지 않고 뱉기도 하고요.

후기 이유식까지 마쳤지만 아직 소화기관이 성인과 같지는 않아요. 후기 이유식까지 오면서 점점 되직해졌지만 그래도 밥보다는 죽의 형태에 가깝기 때문에 성인이 먹는 맨밥을 소화하는 데에는 무리가 있답니다.

또한 완료기의 진밥의 형태를 싫어하는 아가들이 많아서 힘들어하는 엄마들을 많이 봤어요. 맨밥을 바로 줘도 되는지에 대한 고민도 많이 들었답니다. 이럴 경우 **완료기 이유식과 유아식을 병행하는 방법을 추천할게요. 하루 두 끼는 완료기 이유식을, 한 끼 정도는 유아식을 준비해 보세요.**

아기들의 성향과 입맛이 각기 다르니 주변 아기들과 다르다고 걱정할 필요 없어요. 진밥에 대한 거부감이 크게 없다면 후기 이유식의 연장으로 완료기 이유식을 진행하면 됩니다. 만드는 방법은 후기 이유식과 동일해요. 만들어둔 채소큐브, 고기큐브, 육수를 이용해서 다양한 식재료의 조합을 선보여 주세요.

이유식을 거부해요!

완료기 이유식과 유아식을 하나로 묶은 것은 이런 이유 때문이에요. **지금부터는 정말 아기마다 다양한 형태의 식사가 이루어져요**. 어떤 아기는 떠먹여주는 진밥을 잘 먹어줘서 유아식을 조금 더 천천히 시작할 수도 있고, 어떤 아기는 진밥을 거부해서 맨밥과 반찬을 이용한 유아식을 섭취할 수도 있어요. 정해진 식단표가 의미 없는 이유가 바로 이거예요. 완료기 이유식에 해당하는 진밥을 포함해 볶음밥, 덮밥, 일품요리 등 다양한 형태의 유아식을 소개할게요. 아기의 성향에 따라 엄마의 역량을 발휘해 주세요.

Tip

우리 서연이는요!

후기 이유식부터 숟가락에 대한 관심을 보였어요. 숟가락을 잡으려 하고 떠먹는 흉내를 내더라고요. 이럴 때는 제지하기보다는 자연스럽게 유아식을 병행하며 다양한 형태의 식사를 제공해 주면 좋아요. 직접 손으로 집어먹을 수 있는 핑거푸드나 숟가락, 포크 등으로 쉽게 떠먹을 수 있는 국수류도 좋아요. 하루 두 끼는 만들어둔 완료기 이유식을, 한 끼 정도는 유아식으로 자기 주도 식사를 경험해 보는 방법이 좋았어요. 스스로 먹고자 하는 욕구가 해소될 뿐만 아니라 이유식을 먹이며 영양까지 채울 수 있어서 엄마의 걱정도 덜 수 있었답니다.

간을 해, 말아?

아이가 잘 먹어준다면 굳이 간을 안 해도 된답니다. 나트륨 섭취는 늦을수록 좋아요. 하지만 진밥도 맨밥도 잘 안 먹는다면 간을 조금씩 해주는 것도 요령이랍니다. 시중에 나와 있는 아기 소금이나 아기 간장은 염도가 낮아서 적당하게 사용하면 문제 되지 않아요. 천일염이나 맑은 간장 등으로 아기의 입맛을 끌어올려 주세요.

유아식, 얼마나 먹어야 해요?

유아식으로 넘어간 아기의 경우 엄마들의 가장 큰 고민은 바로 먹는 양! 이유식을 먹을 때에는 곡류와 육수, 채소류 모두 골고루 섭취할 수 있었어요. 하지만 아직 치아가 온전히 나지 않은 돌배기 아기들이 유아식을 먹는 경우 육류의 섭취량이 현저하게 떨어진답니다. 큐브를 이용해서 만들던 밥솥 이유식 시절이 그리워진다는 엄마들도 많이 만나봤어요. 모두를 유아식으로 전환하는 것은 이런 이유 때문에도 권하지 않아요. **하루 한 끼부터 시작해서 차츰 횟수를 늘려주세요. 부족한 육류의 섭취는 완료기 이유식인 진밥으로 보충하는 거죠.** 아기가 씹는 힘이 점차 늘어나 덩어리 형태의 육류를 제법 씹을 수 있을 때까지 기다려 주세요. 완료기 이유식의 경우 책의 레시피대로 만들었을 때 아기들에 따라 양이 부족하다고 느낄 수도 있어요. 그럴 때는 쌀과 육수의 비율을 1:2로 맞춰서 양을 늘려주면 된답니다. 한참 움직이고 에너지가 늘어날 시기이니 원하는 만큼 마음껏 제공해 주세요.

재료 손질법 및 큐브 만들기

새우살큐브

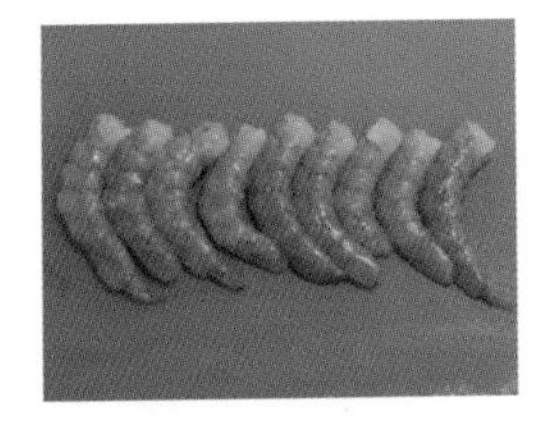

1 새우는 대가리를 떼고 껍질을 벗겨요.

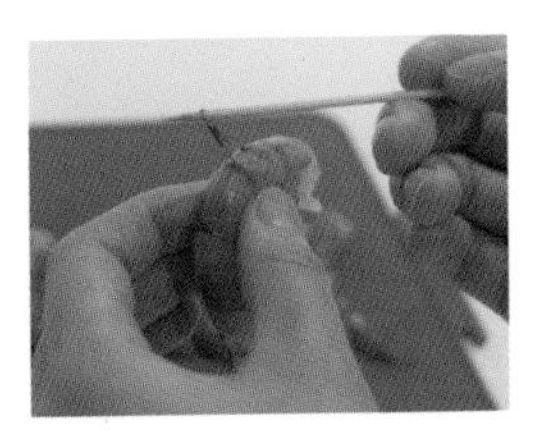

2 등 쪽에 보이는 검은색 내장은 이쑤시개로 빼요.

3 다지기나 칼로 1~2mm 길이로 잘게 다져요.

4 큐브에 30g씩 담은 뒤 하루 정도 냉동해요.

게살

게살은 집에서 손질하기 쉽지 않은 식재료 중 하나예요. 살만 발라내어 먹기 좋게 손질된 형태로 헬로네이처, 마켓컬리 등에서 쉽게 구할 수 있어요. 게살은 다지지 않아도 익으면 실처럼 풀어져서 별도로 손질할 필요가 없어요. 물론, 다짐 게살도 판매하고 있어요.

전복큐브

전복을 직접 손질하는 것도 좋지만 전복 살만 다져 큐브로 만들어진 전복을 구매하면 편리해요. 다진 전복은 내장이 손질되어 있어요. 아기가 먹을 전복죽에는 내장을 생략하는 것이 좋아요. 자칫 비려서 거부할 가능성이 크거든요.

160~
190씩

3회 분량

완료기

소고기표고버섯 감자양파진밥

소고기와 표고버섯은 궁합이 잘 맞을 뿐 아니라 맛도 좋아요. 감자와 양파를 더해 풍성한 맛을 선보여 주세요. 입자감을 더 살려주고 싶다면 고기보다는 채소를 활용해 주세요. 으깬 감자큐브 대신 다진 감자를 넣어준다면 적응하기 더 쉬울 거예요.

Ingredients

- 쌀 100g
- 소고기육수 200ml
- 소고기큐브 60g
- 표고버섯큐브 30g
- 감자큐브 30g
- 양파큐브 30g

—

- 미니 밥솥
- 스패출러
- 이유식 용기

1 쌀은 찬물에 씻어 물에 담가 30분간 불린 뒤 체에 밭쳐 물기를 빼요.

2 밥솥에 불린 쌀, 소고기육수, 소고기큐브, 표고버섯큐브, 감자큐브, 양파큐브를 넣고 죽 모드(1시간) 버튼을 눌러요.

3 이유식이 완성되면 스패출러로 고루 섞어요.

4 160~190ml씩 3회 분량으로 소분하여 냉장 보관해요.

160~190씩
3회 분량

완료기

소고기단호박 콜리플라워진밥

이유식 식단을 만들 때는 이것만 기억하세요! 고기 하나, 채소 두세 개! 이렇게 넣는다면 영양 균형은 물론 농도도 적당하게 맞춰진답니다. 예쁜 빛깔을 자랑하는 단호박이 들어간 진밥은 언제나 잘 먹어주는 이유식이랍니다.

Ingredients

- 쌀 100g
- 소고기육수 200ml
- 소고기큐브 60g
- 단호박큐브 30g
- 콜리플라워큐브 30g

- 미니 밥솥
- 스패출러
- 이유식 용기

1 쌀은 찬물에 씻어 물에 담가 30분간 불린 뒤 체에 밭쳐 물기를 빼요.

2 밥솥에 불린 쌀, 소고기육수, 소고기큐브, 단호박큐브, 콜리플라워큐브를 넣고 죽 모드(1시간) 버튼을 눌러요.

3 이유식이 완성되면 스패출러로 고루 섞어요.

4 160~190ml씩 3회 분량으로 소분하여 냉장 보관해요.

160~
190씩

3회 분량

완료기

새우연두부 애호박진밥

완료기에 추가되는 식재료 중 하나인 새우예요. 새우는 아기에 따라 알레르기 반응이 있을 수 있으니 엄마가 잘 살펴봐야 해요. 알레르기만 없다면 정말 효자 식재료랍니다. 특유의 향과 감칠맛이 있어서 모든 이유식을 맛있게 만들어줘요.

Ingredients

- 쌀 100g
- 채소육수 200ml
- 새우큐브 60g
- 애호박큐브 30g
- 연두부 30g

—

- 미니 밥솥
- 스패출러
- 이유식 용기

1 쌀은 찬물에 씻어 물에 담가 30분간 불린 뒤 체에 밭쳐 물기를 빼요.

2 밥솥에 불린 쌀, 채소육수, 새우큐브, 애호박큐브, 연두부를 넣고 죽 모드(1시간) 버튼을 눌러요.

3 이유식이 완성되면 스패출러로 고루 섞어요.

4 160~190ml씩 3회 분량으로 소분하여 냉장 보관해요.

160~190씩

3회 분량

완료기

새우양파두부 감자진밥

새우와 두부는 잘 어울리는 식재료예요. 달콤한 양파와 영양 만점 감자까지 더했으니 맛이 없을 수가 없겠죠? 서연이가 잘 먹는 재료의 궁합이라 유아식에서 리소토로 응용하기도 한 메뉴랍니다.

Ingredients

- 쌀 100g
- 채소육수 200ml
- 새우큐브 60g
- 양파큐브 30g
- 두부큐브 30g
- 감자큐브 30g

- 미니 밥솥
- 스패출러
- 이유식 용기

1 쌀은 찬물에 씻어 물에 담가 30분간 불린 뒤 체에 밭쳐 물기를 빼요.

2 밥솥에 불린 쌀, 채소육수, 새우큐브, 양파큐브, 두부큐브, 감자큐브를 넣고 죽 모드(1시간) 버튼을 눌러요.

3 이유식이 완성되면 스패출러로 고루 섞어요.

4 160~190ml씩 3회 분량으로 소분하여 냉장 보관해요.

160~
190씩
3회 분량

완료기

닭고기브로콜리 양송이버섯진밥

완료기 이유식부터는 제약이 많이 사라져요. 사용할 수 있는 식재료도 많아서 다양한 조합을 선보여줄 수 있답니다. 보통 우리가 맛있게 먹었던 메뉴와 식재료의 궁합을 생각해보면 식단표를 구성하기에 큰 도움이 될 거예요.

Ingredients

- 쌀 100g
- 닭고기육수 200ml
- 닭고기큐브 60g
- 브로콜리큐브 30g
- 양송이버섯큐브 30g

- 미니 밥솥
- 스패출러
- 이유식 용기

1 쌀은 찬물에 씻어 물에 담가 30분간 불린 뒤 체에 밭쳐 물기를 빼요.

2 밥솥에 불린 쌀, 닭고기육수, 닭고기큐브, 브로콜리큐브, 양송이버섯큐브를 넣고 죽 모드(1시간) 버튼을 눌러요.

3 이유식이 완성되면 스패출러로 고루 섞어요.

4 160~190ml씩 3회 분량으로 소분하여 냉장 보관해요.

160~
190씩

3회 분량

완료기

닭고기부추 연근진밥

닭고기와 부추는 찰떡궁합 식재료! 닭고기의 찬 성질과 부추의 따뜻한 기운이 만나 상호 보완하는 효과가 있어요. 아삭한 연근으로 식감과 비타민 C까지 더해주니 영양식으로 손색없겠죠?

- 쌀 100g
- 닭고기육수 200ml
- 닭고기큐브 60g
- 부추큐브 30g
- 연근큐브 30g

—

- 미니 밥솥
- 스패출러
- 이유식 용기

1 쌀은 찬물에 씻어 물에 담가 30분간 불린 뒤 체에 밭쳐 물기를 빼요.

2 밥솥에 불린 쌀, 닭고기육수, 닭고기큐브, 부추큐브, 연근큐브를 넣고 죽 모드(1시간) 버튼을 눌러요.

3 이유식이 완성되면 스패출러로 고루 섞어요.

4 160~190ml씩 3회 분량으로 소분하여 냉장 보관해요.

160~
190씩

3회 분량

완료기

대구살애호박 당근진밥

대구살과 애호박의 궁합은 이미 후기 이유식에서 검증된 바 있어요. 아주 맛있게 먹어줬던 궁합인데 달콤한 당근까지 더했으니 더할 나위가 없겠죠? 먹기 전 참기름 한 방울 넣어주면 더 잘 먹는답니다.

Ingredients

- 쌀 100g
- 채소육수 200ml
- 대구살큐브 60g
- 애호박큐브 30g
- 당근큐브 30g

- 미니 밥솥
- 스패출러
- 이유식 용기

1 쌀은 찬물에 씻어 물에 담가 30분간 불린 뒤 체에 밭쳐 물기를 빼요.

2 밥솥에 불린 쌀, 채소육수, 대구살큐브, 애호박큐브, 당근큐브를 넣고 죽 모드(1시간) 버튼을 눌러요.

3 이유식이 완성되면 스패출러로 고루 섞어요.

4 160~190ml씩 3회 분량으로 소분하여 냉장 보관해요.

160~
190씩
3회 분량

완료기

치즈가 들어가는 이유식은 추후 유아식 메뉴에서 리소토로 응용이 가능한 효자 메뉴예요. 우유나 두부를 으깨서 크림소스 대용으로 사용해 맛과 영양을 더해 준답니다. 대구살과 만나면 고소함이 두 배가 될 거예요.

Ingredients

- 쌀 100g
- 채소육수 200ml
- 대구살큐브 60g
- 가지큐브 30g
- 아기 치즈 1장

- 미니 밥솥
- 스패출러
- 이유식 용기

1 쌀은 찬물에 씻어 물에 담가 30분간 불린 뒤 체에 밭쳐 물기를 빼요.

2 밥솥에 불린 쌀, 채소육수, 대구살큐브, 가지큐브를 넣고 죽 모드(1시간) 버튼을 눌러요.

3 이유식이 완성되면 치즈를 넣고 스패출러로 고루 섞어요.

4 160~190ml씩 3회 분량으로 소분하여 냉장 보관해요.

3인분

전복죽

맛과 영양이 풍부해 바다의 명품이라고 불리는 전복! 기력이 없거나 입맛이 없을 때 참 좋은 메뉴예요. 성장기 아기들에게 필요한 각종 무기질과 비타민의 함량이 뛰어난 식재료라 주기적으로 만드는 메뉴이기도 해요.

Ingredients

- 쌀 100g
- 다진 전복 80g
- 참기름 1큰술
- 물 혹은 채소육수 300ml
- 아기 소금 약간

1 쌀은 찬물에 씻어 물에 담가 30분간 불린 뒤 체에 밭쳐 물기를 빼요.

2 다진 전복은 냉장고 또는 실온에서 해동해요.

3 냄비에 참기름을 두른 뒤 쌀을 넣고 중불에서 5분 정도 볶아요.

4 해동된 다진 전복을 넣고 5분 정도 볶아요.

5 물이나 채소육수를 붓고 센 불에서 5분간 끓인 뒤 약불에서 10분 이상 저어가며 끓여요.

6 쌀이 푹 익으면 아기 소금으로 간을 하고 참기름을 약간 둘러요.

3인분

삼계죽

여름철 기력 보강에 좋은 삼계탕! 아기들이 먹기 편하게 살을 발라 죽으로 끓여주세요.
입맛 없는 아침 메뉴나 감기로 건강이 좋지 않을 때 추천하는 메뉴랍니다.
이유식을 만들 듯 미니 밥솥에 있는 죽 모드를 사용해요.

Ingredients

- 쌀 50g
- 찹쌀 50g
- 닭 1/2마리
- 통마늘 3~4개
- 대파 1대
- 물 500ml

- 미니 밥솥

1 쌀과 찹쌀은 물에 담가 30분간 불린 뒤 체에 밭쳐 물기를 빼요.

2 닭은 껍질을 벗겨낸 뒤 기름기를 제거해요.

TIP 칼보다 가위가 손질하기 편해요.

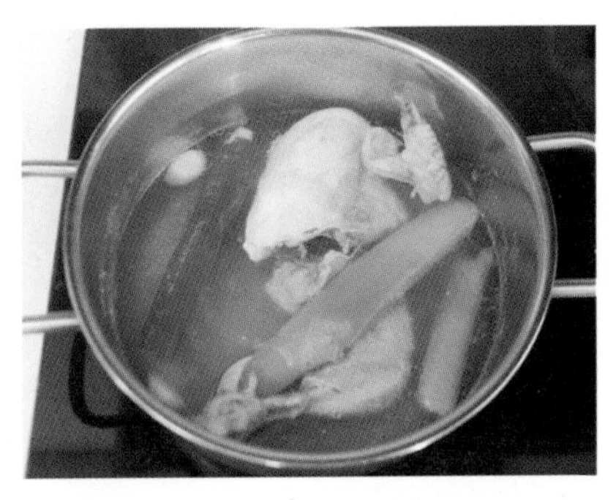

3 냄비에 닭, 통마늘, 대파, 물을 넣어 센 불에서 10분, 약불에서 30분 동안 끓여요.

4 닭고기는 건져서 뼈를 발라낸 뒤 살을 잘게 찢어요.

5 닭을 삶아낸 육수는 체에 한번 걸러 냉장실에 3시간 동안 넣어 식힌 뒤 위에 뜨는 기름을 걷어내요.

6 밥솥에 불린 쌀과 찹쌀, 닭육수 300ml, 잘게 찢은 닭고기를 넣고 죽 모드(1시간) 버튼을 눌러요.

1인분

모둠버섯덮밥

단백질은 물론 비타민 등의 영양소가 충분한 버섯!
버섯과 전분가루만 있다면 근사한 덮밥으로 즐길 수 있어요.

Ingredients

- 양송이버섯 2개
- 팽이버섯 15g
- 새송이버섯 15g
- 부추 20g
- 아기 소금 약간
- 아기 간장 1t
- 물 150ml
- 전분물 (전분가루 1T+물 1T)
- 참기름 약간
- 빻은 깨 약간
- 밥 150g

1 양송이버섯, 팽이버섯, 새송이버섯은 작게 다져요.

TIP 버섯의 종류는 어떤 것을 사용해도 괜찮아요.

2 부추는 1cm 정도 길이로 썰어요.

3 팬에 기름을 살짝 두른 뒤 버섯과 부추를 볶아요.

4 부추의 숨이 죽으면 아기 소금, 아기 간장으로 간을 맞춰요.

5 물을 넣고 한소끔 끓여요.

6 전분물을 한 바퀴 둘러 농도를 맞춘 뒤 불을 끄고 참기름, 빻은 깨를 뿌린 뒤 밥과 곁들여요.

1인분

소고기양배추덮밥

소고기와 찰떡궁합인 양배추! 프라이팬에 볶아 밥 위에 올려내면 근사한 요리가 된답니다.
물을 넉넉하게 넣어 촉촉하게 만들면 비벼서 먹기 좋아요.

Ingredients

- 다진 소고기 30g
- 양배추 30g
- 다진 마늘 1t
- 아기 간장 1t
- 물 1T
- 참기름 약간
- 빻은 깨 약간
- 밥 150g

1 다진 소고기는 찬물에 30분 정도 담가 핏물을 뺀 뒤 체에 밭쳐 물기를 빼요.

2 양배추는 심지를 잘라낸 뒤 잎 부분만 1cm 폭으로 채 썰어요.

3 팬에 기름을 살짝 두르고 다진 마늘을 넣어 볶아요.

4 마늘 향이 올라오면 소고기와 양배추를 넣어 볶아요.

5 양배추의 숨이 죽으면 아기 간장으로 간을 맞추고 물을 넣어 고루 섞은 뒤 참기름, 빻은 깨를 뿌려 밥과 곁들여요.

3인분

닭고기카레덮밥

카레덮밥은 서연이가 가장 좋아하는 메뉴예요.
닭고기 대신 소고기로 응용해도 좋아요. 3인분 기준으로 만들었으니 소분하여
냉동 보관해두면 두고두고 간편하게 먹을 수 있답니다.

Ingredients

- 닭 안심 100g
- 우유 50ml
- 감자 40g
- 양파 40g
- 당근 40g
- 물 400ml
- 아기 카레가루 2T(30g)
- 아기 치즈 1장
- 밥 150g

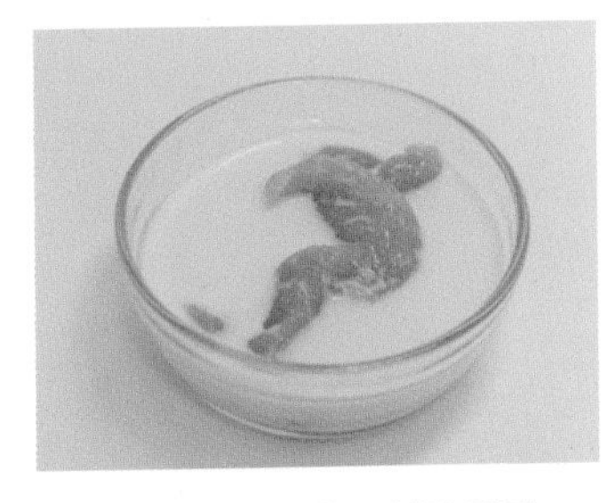

1 닭 안심은 우유에 30분간 담가 잡내를 제거해요.

2 감자, 양파, 당근을 먹기 좋은 크기로 썰어요.

3 닭 안심은 찬물에 헹군 뒤 작게 썰어요.

4 냄비에 기름을 살짝 두르고 닭 안심을 볶아요.

5 닭 안심이 하얗게 변하면 손질한 채소를 넣고 10분 정도 볶아요.

6 감자가 투명해지면 물을 부어요.

7 아기 카레가루를 넣어 푼 뒤 센불에서 5분, 약불에서 10분 정도 끓여요.

8 불을 끄고 아기 치즈를 넣어 녹인 뒤 밥 위에 끼얹어 먹어요.

2인분

닭고기달걀볶음밥

다양한 채소를 손쉽게 먹일 수 있는 효자 메뉴 볶음밥! 닭고기는 물론 소고기,
해산물 등의 기본 식재료에 각종 채소를 다져 넣으면 금방 만들 수 있어요.
소분해서 냉동해두고 데워주면 간편하답니다.

Ingredients

- 닭 안심 100g
- 우유 50ml
- 당근 30g
- 애호박 30g
- 달걀 1개
- 다진 마늘 1t
- 아기 소금 약간
- 밥 150g
- 참기름 약간
- 빻은 깨 약간

1 닭 안심을 우유에 30분간 담가 잡내를 제거해요.

2 당근, 애호박을 먹기 좋은 크기로 다져요.

3 닭 안심을 찬물에 헹군 뒤 작게 썰어요.

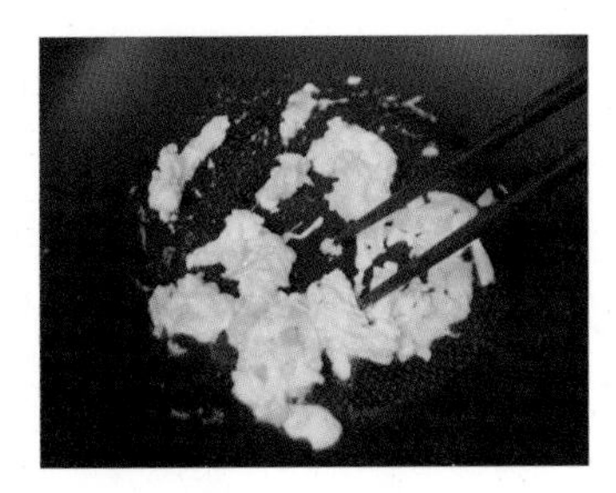

4 팬에 기름을 살짝 두르고 달걀을 넣고 젓가락으로 휘저어 스크램블드에그를 해요.

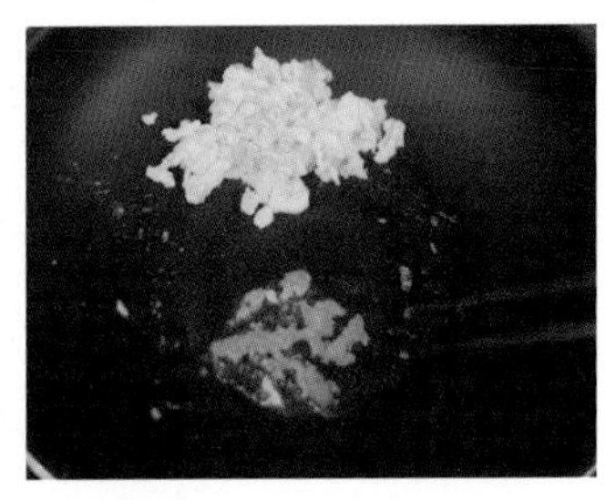

5 스크램블드에그는 한쪽으로 밀어둔 뒤 기름을 살짝 두르고 다진 마늘을 넣어 볶아요.

6 마늘 향이 올라오면 닭고기, 채소, 스크램블드에그를 볶아요.

7 닭고기가 하얗게 변하고 채소들이 숨이 죽으면 아기 소금으로 간을 해요.

8 밥을 넣어 고루 섞은 뒤 참기름과 빻은 깨를 뿌려요.

1인분

소고기채소볶음밥

유아식부터 섭취하기 힘든 것이 고기류예요. 철분 섭취 때문에 많이 먹어줘야 하는데
입자감이 있기 때문에 씹지 않으려는 아기들이 많아요. 이때 소고기채소볶음밥을
활용해보세요. 냉장고 속 채소들을 활용하면 편리해요.

Ingredients

- 다진 소고기 30g
- 당근 10g
- 애호박 10g
- 아기 간장 1t
- 다진 마늘 1t
- 올리고당 1t
- 밥 150g
- 참기름 약간
- 빻은 깨 약간

1 다진 소고기는 찬물에 30분간 담가 핏물을 뺀 뒤 체에 밭쳐 물기를 빼요.

2 당근, 애호박은 잘게 다져요.

3 다진 소고기는 아기 간장, 다진 마늘, 올리고당으로 5분 정도 밑간을 해요.

4 팬에 기름을 살짝 두른 뒤 밑간한 소고기를 볶아요.

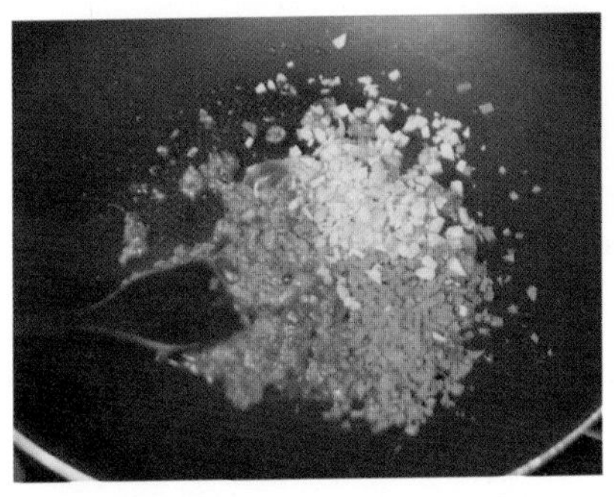

5 소고기가 회색빛으로 변하면 다진 채소를 넣고 볶아요.

6 어느 정도 채소가 익으면 밥을 넣어 고루 섞은 뒤 참기름과 빻은 깨를 뿌려요.

1인분

파인애플새우볶음밥

동남아 음식점에 가면 꼭 포함되어 있는 메뉴 중 하나죠. 파인애플과 새우의 조합을 평소에 맛있게 먹었던 기억이 있어서 유아식에도 적용해 보았어요. 파인애플이 들어가 달콤하게 즐길 수 있어요. 서연이는 처음에 파인애플만 골라 먹었던 기억이 나요.

Ingredients

- 알새우 30g
- 당근 20g
- 애호박 20g
- 파인애플 30g
- 다진 마늘 1t
- 아기 소금 1t
- 밥 150g
- 참기름 약간
- 빻은 깨 약간

1 알새우는 찬물에 헹군 뒤 먹기 좋은 크기로 다져요.

2 당근, 애호박, 파인애플을 먹기 좋은 크기로 다져요.

3 팬에 기름을 살짝 두르고 다진 마늘을 넣어 볶아요.

4 마늘 향이 올라오면 센 불에서 알새우와 당근을 볶아요.

5 알새우가 하얗게 변하면 애호박, 파인애플을 넣고 2~3분간 볶아요.

6 채소들이 숨이 죽으면 아기 소금으로 밑간을 해요.

7 밥을 넣어 고루 섞은 뒤 참기름과 빻은 깨를 뿌려요.

유아식

30개 분량

떡갈비

소고기와 돼지고기를 한 번에 섭취할 수 있는 든든한 메뉴예요. 한번에 많이 만들어 냉동실에 소분해두고 그때그때 구워주면 편하답니다. 돼지고기를 아직 먹지 않는 아기라면 소고기만 사용해도 되지만 돼지고기가 들어가면 식감이 훨씬 부드러워진답니다.

Ingredients

- 두부 1/2모(150g)
- 양파 200g
- 다진 소고기 200g
- 다진 돼지고기 350g
- 아기 간장 5T
- 다진 마늘 1T
- 설탕 1T
- 참기름 3T
- 전분가루 3T
- 아기 소금 1t
- 후춧가루 1t

1 두부는 면보에 올려 물기를 제거해요.

2 양파는 잘게 다져요.

3 볼에 모든 재료를 넣고 약 5분간 치대요.

4 반죽을 적당한 크기로 동그랗고 납작하게 빚어요.

TIP 빚은 반죽은 하나씩 랩으로 싸서 냉동 보관한 뒤 그때그때 해동해서 구워요.

5 팬에 기름을 약간 두른 뒤 중불에서 앞뒤로 노릇하게 구워요.

TIP 돼지고기가 섞여있으므로 중불에서 천천히 푹 익혀야 해요.

1인분

채소밥전

밥전은 손으로 집어먹을 수 있기 때문에 자기 주도 이유식 메뉴로도 아주 좋아요.
제시한 레시피대로 반죽을 만들어도 좋지만
만들어둔 완료기 이유식인 진밥을 이용하는 것도 방법이에요!

Ingredients

- 당근 30g
- 애호박 30g
- 가지 30g
- 밥 100g
- 달걀 1개
- 쌀가루 1T

1 당근, 애호박, 가지를 잘게 다져요.

TIP 냉장고 속 자투리 채소를 이용해요.

2 밥, 다진 채소, 달걀 1개를 넣어 고루 섞어요.

3 쌀가루를 넣고 약 5분간 치대요.

TIP 쌀가루나 밀가루가 들어가야 반죽이 잘 뭉쳐요.

4 프라이팬에 기름을 살짝 두른 뒤 숟가락을 사용해 동글게 떠올린 뒤 앞뒤로 5분 정도 노릇하게 구워요.

3회분

게살수프

밥에 얹어줘도 반찬으로만 줘도 들고 마시는 마성의 메뉴예요. 육수로 깊은 맛을 더해서 그런지 간단한 레시피인데도 잘 먹어주었어요. 간을 조금 더 하면 어른 입맛에도 딱이랍니다. 게살이 없다면 크래미로 대체해도 좋아요.

Ingredients

- 물 400ml
- 육수용 멸치 2~3개
- 다시마(5×5cm) 1개
- 브로콜리 10g
- 팽이버섯 10g
- 게살 60g
- 달걀흰자 1개
- 전분물
  (전분가루 2T+물 2T)
- 아기 소금 약간
- 후춧가루 약간

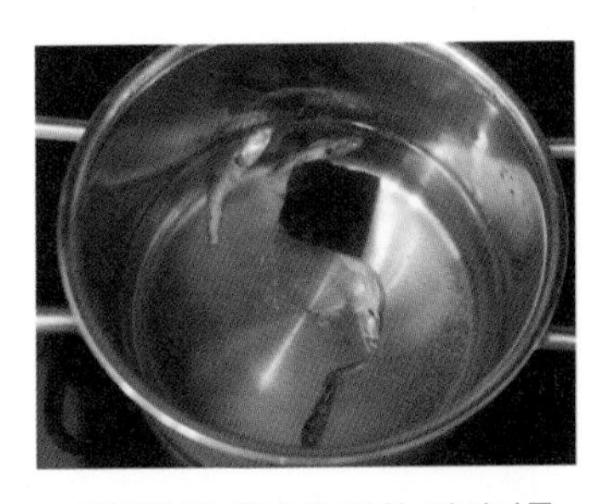

1 냄비에 물, 육수용 멸치, 다시마를 넣고 센 불에서 15분 정도 끓인 뒤 재료를 건져요.

2 브로콜리는 꽃 부분만 사용해 잘게 다지고, 팽이버섯도 잘게 다져요.

3 게살은 찬물로 헹군 뒤 체에 밭쳐요.

TIP 게살이 크다면 적당한 크기로 잘라요.

4 육수에 게살, 브로콜리, 팽이버섯을 넣고 2~3분간 센 불에서 끓여요.

5 달걀흰자를 잘 푼 뒤 넣고 휘휘 저어요.

6 전분물을 조금씩 부어가며 농도를 조절해요.

7 아기 소금, 후춧가루를 뿌린 뒤 밥 위에 끼얹어 먹어요.

2회분

탕평채

길쭉하게 썰어낸 청포묵의 식감이 재미있어서인지 서연이가 잘 먹었던 메뉴 중 하나예요.
다양한 채소들도 길쭉하게 썰어 마치 국수를 먹는 듯한 식감을 선사합니다.

Ingredients

- 청포묵 1팩(100g)
- 당근 10g
- 애호박 10g
- 달걀 1개
- 참기름 1작은술
- 김가루 적당량
- 빻은 깨 약간

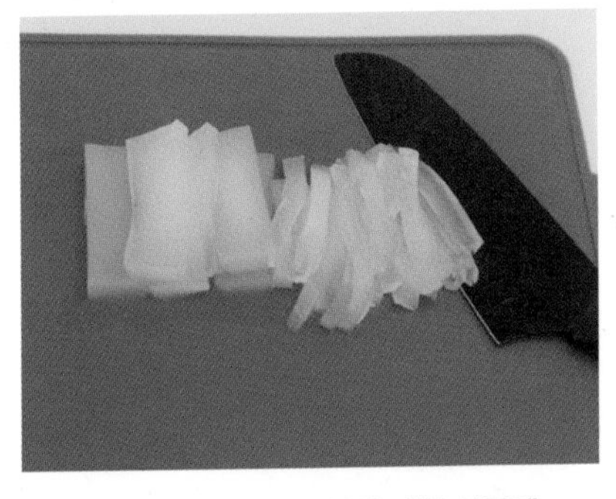

1 청포묵은 끓는 물에 5분간 데쳐 찬물에 헹군 뒤 길게 채 썰어요.

2 당근과 애호박은 껍질을 벗긴 뒤 채 썰어요.

3 애호박은 기름을 두르지 않은 팬에 1~2분간 볶아요.

4 당근은 기름을 살짝 두른 팬에 1~2분간 볶아요.

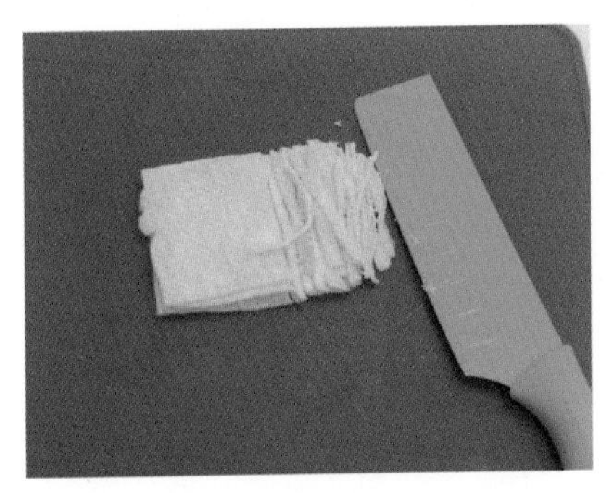

5 달걀은 충분히 푼 뒤 프라이팬에 기름을 살짝 둘러 지단을 부쳐 채 썰어요.

6 모든 재료를 볼에 넣고 버무려요.

1인분

소고기크림리소토

후기 이유식과 비슷한 형태지만 우유와 아기 치즈가 들어가 더욱 고소해진 맛을 선보이는 메뉴예요. 소고기 대신 닭고기를 사용해도 좋아요. 아직 우유를 먹지 않는 아기라면 잠시 미뤄주세요. 분유는 당도가 높아 어울리지 않는답니다.

Ingredients

- 다진 소고기 40g
- 양파 20g
- 다진 마늘 1t
- 아기 소금 약간
- 밥 100g
- 우유 200ml
- 아기 치즈 1장

1 다진 소고기는 찬물에 30분간 담가 핏물을 뺀 뒤 체에 밭쳐 물기를 빼요.

2 양파는 잘게 다져요.

3 팬에 올리브유를 살짝 두른 뒤 다진 마늘을 넣어 볶아요.

4 마늘 향이 올라오면 다진 소고기, 양파를 넣어 볶아요.

5 아기 소금으로 간을 한 뒤 밥을 넣어 고루 볶아요.

6 우유를 붓고 끓이다가 아기 치즈를 넣고 농도를 맞춰요.

유아식

1인분

잔멸치주먹밥

주먹밥은 현재 28개월인 서연이가 아직까지도 잘 먹고 있는 메뉴 중 하나예요.
바쁜 아침이나 외출용 점심으로 손색없죠. 아기 김가루로 적당한 간이 맞춰지고 잔멸치로
칼슘까지 더해주니 자꾸만 손이 갈 수밖에 없겠죠?

Ingredients

- 잔멸치 5g
- 밥 100g
- 김가루 1T
- 참기름 1작은술
- 빻은 깨 약간

1 잔멸치는 물에 30분간 담가 짠 맛을 제거한 뒤 체에 밭쳐 물기를 빼요.

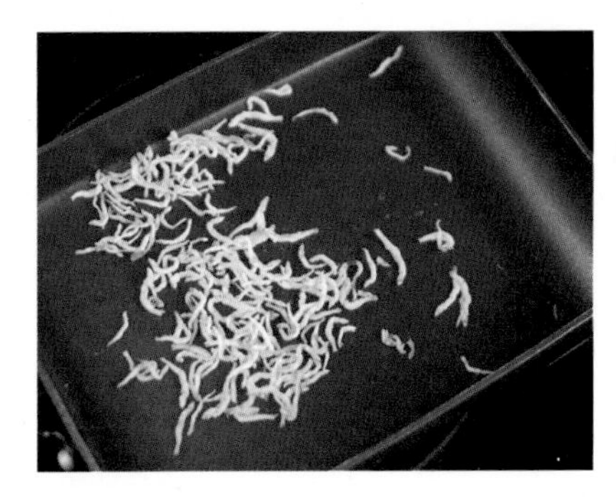

2 마른 팬에 잔멸치를 넣고 노릇해질 때까지 볶아요.

3 볶은 멸치는 절구에 넣고 부드럽게 한번 더 빻아요.

4 밥에 김가루, 잔멸치, 참기름, 빻은 깨를 넣고 고루 섞어요.

TIP 김가루는 아기용 김을 부숴도 좋고, 시판용 아기 김자반을 사용해도 좋아요.

5 먹기 좋은 크기로 동글게 빚어요.

1인분

삼색꼬마김밥

서연이가 김밥에 관심을 보여 만들었던 메뉴예요. 달걀과 당근, 시금치 등으로 작게 만들어
한입에 쏙 들어가게 해줬더니 주먹밥만큼이나 잘 먹어주었어요.

Ingredients

- 시금치 30g
- 당근 30g
- 달걀 1개
- 밥 100g
- 참기름 1t
- 아기 소금 약간
- 아기 김 8장

1 시금치는 뿌리를 썰고, 당근 껍질을 벗긴 뒤 채 썰어요.

2 달걀은 충분히 푼 뒤 프라이팬에 기름을 살짝 둘러 지단을 부쳐 채 썰어요.

3 시금치는 끓는 물에 2~3분간 데쳐 찬물에 헹군 뒤 먹기 좋은 크기로 썰어요.

4 당근은 기름을 살짝 두른 팬에 1~2분간 볶아요.

5 밥에 참기름, 아기 소금 넣어 섞어요.

6 아기 김에 밥을 얇게 편 뒤 당근, 달걀지단, 시금치를 넣고 돌돌 말아 한입 크기로 썰어요.

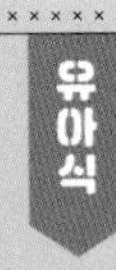

1인분

잔치국수

아기들은 잔치국수는 물론 칼국수, 쌀국수, 우동 등 국수를 참 좋아해요. 입술에 닿는 식감이 재미있어서인 것 같아요. 밥만 계속 먹으면 지루할 것 같아 가끔씩 국수를 삶아주는데 서연이와 함께 먹을 수 있어 참 편하고 고마운 메뉴랍니다.

Ingredients

- 물 500ml
- 육수용 멸치 3~4개
- 다시마(5×5cm) 1개
- 애호박 10g
- 당근 10g
- 아기 간장 1t
- 소면 40g
- 달걀 1개

1 물에 육수용 멸치, 다시마를 넣고 15분 정도 끓여 육수를 만들어요.

2 애호박과 당근은 껍질을 벗긴 뒤 채 썰어요.

3 멸치와 다시마를 건진 뒤 아기 간장으로 간을 해요.

4 소면은 끓는 물에 넣고 5분 정도 삶은 뒤 건져내 찬물에 헹궈요.

5 애호박은 기름을 두르지 않은 팬에 1~2분간 볶아요.

6 당근은 기름을 살짝 두른 팬에 1~2분간 볶아요.

7 달걀은 충분히 푼 뒤 프라이팬에 기름을 살짝 둘러 지단을 부쳐 채 썰어요.

8 그릇에 소면을 담고 육수를 부은 뒤 애호박, 당근, 달걀지단을 얹어요.

1인분

유아식

달걀토스트

달걀토스트는 어른들도 즐겨먹는 간편식 중 하나죠. 우유를 먹지 않는 아가라면 분유를 사용하는 대신 설탕은 넣지 않아요. 유기농 식재료를 판매하는 곳에 가면 쌀식빵을 쉽게 구할 수 있어요.

Ingredients

- 달걀 1개
- 우유 100ml
- 설탕 1t
- 아기 소금 약간
- 쌀식빵 2장

1 달걀, 우유, 설탕, 아기 소금을 섞어 달걀물을 만들어요.

2 쌀식빵은 가장자리를 자른 뒤 4조각으로 썰어요.

3 달걀물에 식빵을 넣어 충분히 적셔요.

4 프라이팬에 기름 살짝 두르고 노릇하게 부쳐요.

5회분

유아식

닭봉조림

SNS에 유아식을 올리면서 가장 많은 질문을 받았던 메뉴랍니다. 서연이는 손으로 잡고 고기를 뜯더라고요. 미니 밥솥을 이용할 수 있어 간편해예요. 소분하여 냉동실에 얼려두면 반찬 없을 때 꺼내주기 좋아요.

Ingredients

- 닭봉 1팩 (500g, 15개 기준)
- 우유 250ml
- 아기 간장 3T
- 올리고당 1T
- 다진 마늘 1T
- 물 80ml

1 닭봉은 우유에 30분간 담가 잡내를 제거한 뒤 찬물에 헹궈요.

2 아기 간장, 올리고당, 다진 마늘, 물을 섞어 양념장을 만들어요.

3 밥솥에 닭봉, 양념장을 넣고 만능찜(1시간) 버튼을 눌러요.

TIP 완성된 닭봉조림은 3개씩 소분하여 냉동 보관해요.

20회분

유아식

치킨가스

냉동실에 쟁여두고 하나씩 꺼내 만들어 줄 수 있는 초간단 메뉴! 시판되는 치킨 너겟과는 차원이 다른 엄마표 치킨가스로 맛과 영양을 동시에 챙겨요.

Ingredients

- 닭 안심 1팩 (500g, 20개 기준)
- 우유 250ml
- 달걀 2개
- 밀가루 50g
- 빵가루 70g

1 닭 안심은 힘줄을 제거하고 우유에 30분간 담가 잡내를 제거한 뒤 찬물에 헹궈요.

2 달걀을 충분히 푼 뒤 밀가루, 빵가루와 함께 준비해요.

3 닭 안심은 밀가루, 달걀, 빵가루 순으로 묻혀요.

TIP 먹을 만큼만 덜어놓고 하나씩 랩으로 싸서 냉동해두면 간편해요.

4 프라이팬에 기름을 적당량 두른 뒤 노릇하게 구워요.

6회분

유아식

닭다리살구이

이유식이 아닌 유아식부터는 닭가슴살이나 안심과 더불어 쫄깃한 다리와 날개 부분을 사용하게 됩니다. 지방을 많이 함유하고 있어 맛과 식감이 뛰어나요. 닭다리살만 별도로 구매가 가능하니 간장 양념에 재워 냉동 보관해요.

Ingredients

- 닭다리살 6조각
- 우유 200ml
- 아기 간장 2T
- 올리고당 1T
- 다진 마늘 1T
- 물 1T

1 닭다리살은 껍질과 기름기를 제거하고 우유에 30분간 담가 잡내를 제거하고 찬물에 헹궈요.

2 아기 간장, 올리고당, 다진 마늘, 물을 섞어 양념장을 만들어요.

3 닭다리살에 양념장을 넣어 버무린 뒤 냉장실에서 1시간 동안 숙성해요.

TIP 먹을 만큼만 덜어놓고 남은 건 하나씩 랩으로 싸서 냉동 보관해요.

4 팬에 기름을 살짝 두르고 노릇하게 구워요.

3회분

유아식

시금치나물무침

나물을 가장 손쉽게 섭취할 수 있는 방법이 바로 무침이 아닐까 싶어요. 적당량의 다진 마늘과 소금, 참기름만 있으면 모든 나물무침을 섭렵할 수 있답니다.

Ingredients

- 시금치 30g(3줄기)
- 다진 마늘 1t
- 참기름 약간
- 아기 소금 약간
- 빻은 깨 약간

1 시금치는 시든 잎은 뜯어낸 뒤 뿌리를 잘라내고 적당한 크기로 썰어요.

2 끓는 물에 1~2분간 데쳐 찬물에 헹군 뒤 물기를 꼭 짜요.

3 먹기 좋은 크기로 썰어요.

4 시금치에 다진 마늘, 참기름, 아기 소금, 빻은 깨를 넣어 버무려요.

TIP 숙주나물무침도 동일한 방법으로 만들 수 있어요.

3회분

유아식

애호박밥새우볶음

애호박은 새우와 궁합이 좋은 식재료예요. 보통 어른들 반찬에는 새우젓을 사용하지만 지나친 염분을 섭취할 수 있어 추천하지 않아요. 대신 마른 밥새우를 사용하면 깊은 감칠맛은 물론 고소함까지 더할 수 있답니다.

Ingredients

- 애호박 70g(3~4cm)
- 다진 마늘 1t
- 아기 소금 약간
- 마른 밥새우 1t
- 참기름 약간
- 빻은 깨 약간

1 애호박은 껍질을 벗긴 뒤 부채꼴 모양으로 썰어요.

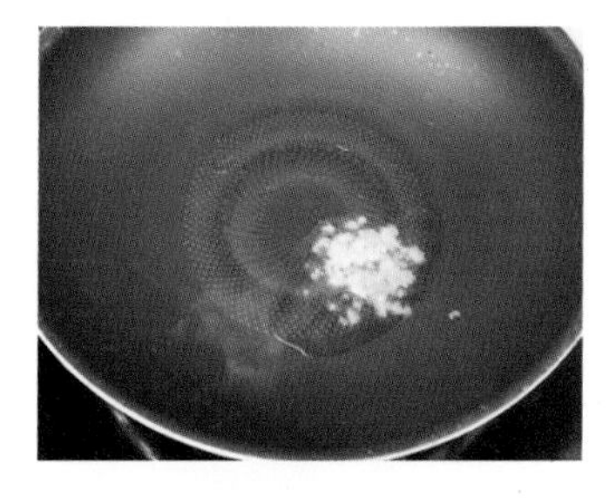

2 프라이팬에 기름을 살짝 두른 뒤 다진 마늘을 넣어 볶아요.

3 마늘 향이 올라오면 애호박을 넣고 투명해질 때까지 볶아요.

4 아기 소금, 밥새우를 넣어 볶은 뒤 불을 끄고 참기름을 두르고 빻은 깨를 뿌려요.

3회분

유아식

무나물볶음

무를 좋아하는 서연이가 정말 좋아하는 반찬 중 하나랍니다. 가끔씩 친정엄마가 해주신 무나물볶음을 줘봤는데 잘 먹길래 자주 만들어 준답니다. 밥에 비벼줘도 좋아요.

Ingredients

- 무 200g
- 참기름 2T
- 아기 소금 약간
- 빻은 깨 약간

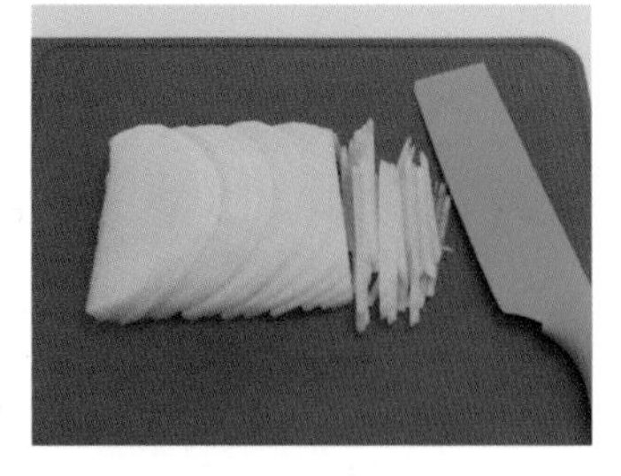

1 무는 껍질을 벗긴 뒤 가늘게 채 썰어요.

2 프라이팬에 참기름을 두른 뒤 중불에서 채 썬 무를 볶아요.

3 무가 익어 투명해지면 아기 소금을 뿌리고 뚜껑을 덮어 중불에서 푹 익혀요.

4 빻은 깨를 뿌려요.

3회분

유아식

새우완자

해산물을 어떻게 하면 맛있게 먹일 수 있을까
고민하다가 새우완자를 생각했어요. 레시피에서는
찜기를 이용해 만들었지만 에어프라이어를 이용하면
어묵처럼 만들 수도 있답니다. 오징어나 흰 살 생선을
추가해도 좋아요.

Ingredients

- 새우살 120g
- 애호박 20g
- 당근 20g
- 전분가루 3T
- 달걀 1개

1 새우살은 칼로 잘게 다져요.

2 애호박, 당근은 잘게 썰어요.

TIP 어떤 채소를 넣어도 좋아요. 단, 양파처럼 물기가 많은 채소는 피해 주세요.

3 볼에 다진 새우, 애호박, 당근, 전분가루, 달걀을 넣고 섞어요.

4 찜기에 종이포일을 깔고 한 숟가락씩 떠서 올린 뒤 6~7분가량 쪄요.

TIP 한 번에 먹을 양을 덜어두고 나머지는 소분해서 냉동실에 보관해요.

유아식

3회분

소고기가지볶음

이번 반찬의 주된 식재료는 가지예요. 가지에 다진 소고기를 넣어 볶으면 맛과 영양이 풍성해진답니다. 소고기까지 섭취할 수 있으니 일석이조!

Ingredients

- 다진 소고기 40g
- 가지 40g
- 다진 마늘 1t
- 아기 간장 1/2t
- 올리고당 1/2t
- 참기름 1t
- 빻은 깨 약간

1 다진 소고기는 찬물에 30분간 담가 핏물을 뺀 뒤 물기를 빼요.

2 가지는 부채꼴 모양으로 썰어요.

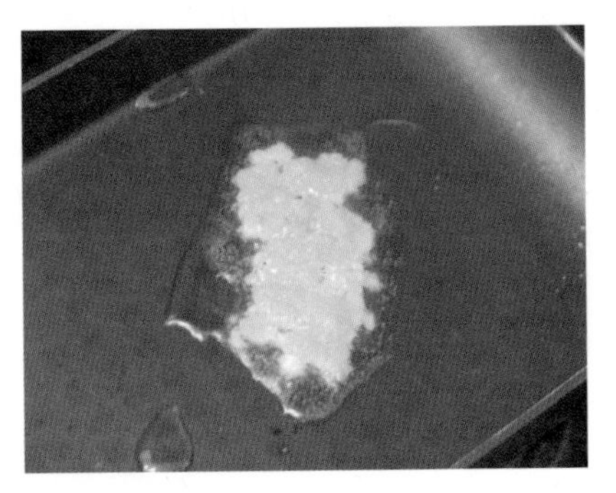

3 프라이팬에 기름을 살짝 두른 뒤 다진 마늘을 넣어 볶아요.

4 마늘 향이 올라오면 소고기를 넣고 회색빛이 돌 때까지 볶아요.

5 가지, 아기 간장, 올리고당을 넣고 볶아요.

5 가지의 숨이 죽으면 참기름을 두르고 빻은 깨를 뿌려요.

3회분

유아식

들깨미역국

유아식이 시작되면서 엄마들의 국 걱정이 시작됩니다.
국은 한 번에 많이 만들어 냉동해두기 편한 메뉴예요.
지금껏 만들었던 육수가 남았다면 아낌없이 사용하세요.
우리가 먹는 국에서 소금 간을 제외하고 생각하면 더
쉽답니다.

Ingredients

- 자른 미역 10g
- 들기름 1T
- 물 600ml
- 아기 소금 약간
- 들깻가루 1T

1 자른 미역은 10분 정도 물에 불려
물기를 제거한 뒤 잘게 썰어요.

2 냄비에 들기름을 두르고 불린
미역을 볶아요.

3 미역이 밝은 초록색으로 변하면
물을 넣고 10분간 끓여요.

4 아기 소금으로 간을 하고
들깻가루를 넣어요.

3회분

유아식

소고기뭇국

서연이가 참 좋아하는 메뉴 중 하나예요. 국에 들어있는 무를 그렇게 좋아하더라고요. 간단하게 만들 수 있어서 즐겨 끓여준답니다.

Ingredients

- 다진 소고기 40g
- 무 70g
- 대파 흰 부분 10g
- 물 300ml
- 아기 소금 약간

1 다진 소고기는 찬물에 30분간 담가 핏물을 뺀 뒤 물기를 빼요.

2 무는 껍질을 벗긴 뒤 나박썰고, 대파 흰 부분은 잘게 다져요.

3 냄비에 물, 소고기, 무를 넣고 센 불에서 5분, 약불에서 10분간 끓여요.

TIP 물 대신 소고기육수를 활용해도 좋아요.

4 대파 흰 부분을 넣고 아기 소금으로 간을 해요.

3회분

유아식

배추된장국

시판되는 아기 된장은 염도가 낮아 아기들에게 부담 없이 먹일 수 있어요. 알배추를 푹 끓여 시원한 맛을 더하면 다양한 일품요리에도 잘 어울리는 국이 완성된답니다.

Ingredients

- 물 300ml
- 육수용 멸치 3~4개
- 두부 30g
- 알배추 60g
- 아기 된장 1T

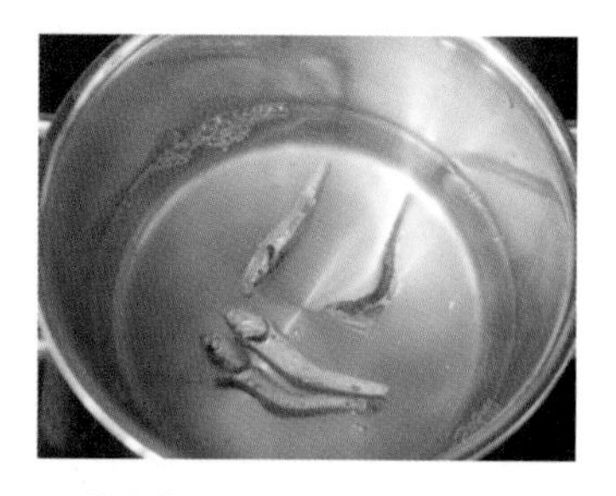

1 냄비에 물, 육수용 멸치를 넣고 센 불에서 5분, 약불에서 10분간 끓여요.

2 두부는 깍둑썰고, 알배추는 뿌리를 잘라낸 뒤 먹기 좋은 크기로 썰어요.

3 멸치를 건져낸 뒤 아기 된장을 넣고 풀어요.

4 알배추와 두부를 넣고 한소끔 끓여요.

3회분

유아식

바지락맑은탕

찬물에 끓이기만 해도 뽀얗게 우러나는 바지락육수!
별다른 재료 없이도 맛있게 즐길 수 있는 깔끔한
탕이에요. 넉넉하게 끓여 아이가 먹을 것은 덜어낸 뒤
청양고추를 더한다면 어른들도 맛있게 먹을 수 있답니다.

Ingredients

- 바지락 1봉(200g)
- 식초 1T
- 애호박 30g
- 양파 30g
- 물 400ml
- 다진 마늘 1t

1 바지락이 잠기도록 찬물을 붓고 식초를 넣어 15분 동안 해감해요.

2 애호박은 껍질을 벗긴 뒤 부채꼴 모양으로 썰고, 양파는 깍둑썰어요.

3 냄비에 물, 바지락을 넣고 센 불에서 5분, 약불에서 5분 정도 끓여요.

4 바지락이 입을 벌리면 다진 마늘, 애호박, 양파를 넣고 5분간 끓여요.

TIP 바지락 자체에 간이 되어 있기 때문에 별도의 간은 하지 않아요.

유아식

3회분

연두부달걀국

멸치육수로 감칠맛을 내서 그런지 특별한 간 없이도 맛있어요.
달걀을 풀어 넣어 연두부와 함께 호로록 부드럽게 넘어간답니다.

Ingredients

- 물 300ml
- 육수용 멸치 3~4개
- 애호박 30g
- 양파 30g
- 달걀 1개
- 연두부 30g
- 아기 소금 약간

1 냄비에 물, 육수용 멸치를 넣고 센 불에서 5분, 약불에서 10분간 끓여요.

2 애호박은 껍질을 벗긴 뒤 부채꼴 모양으로 썰고, 양파는 깍뚝썰어요.

3 달걀은 충분히 풀어요.

4 멸치를 건져낸 뒤 애호박, 양파를 넣고 끓여요.

5 채소가 익어 투명해지면 연두부를 넣어요.

6 달걀을 한 바퀴 둘러 넣어준 뒤 아기 소금으로 간을 해요.

Part 5

간식

이유식을 시작하면서 함께 먹게 되는 간식! 책에서는 다양한 과일을
중심으로 초기와 중기 간식을 구성했어요. 후기와 완료기로 가면서
먹을 수 있는 식재료가 다양해지기 때문에 그에 맞춰 간식을 다양하게
구성해 주는 게 좋아요. 사먹지 않더라도 얼마든지 손쉽게 만들 수
있는 엄마표 간식을 소개할게요. 간식을 줄 때에는 이유식에 지장이
되지 않도록 식간에 조금씩만 주도록 해요.

초기 간식

아기가 처음 먹는 과일로는 시거나 질기지 않은 배와 사과가 좋아요. 떡뻥 같은 쌀과자류도 이유식 시작과 함께 섭취할 수 있어요. 시중에 나와 있는 다양한 제품들도 월령에 맞게 구매해 보세요. 쉽게 만들 수 있는 엄마표 간식 세 가지를 소개할게요. 감자나 단호박 등을 이용하여 퓌레를 만드는 방법도 동일하답니다. 1회 섭취량은 20~30ml 정도가 적당해요.

3회 분량

초기

배퓌레

배와 사과는 생후 4~5개월 때부터 먹을 수 있는 기본 과일이에요. 특히 배는 대부분 수분으로 이루어져 있으며, 섬유질이 적어서 무리 없이 먹을 수 있답니다.

Ingredients

- 배 120g (껍질과 씨를 제거한 상태, 1/2개 분량)

- 찜기
- 미니 믹서

1 배는 껍질과 씨를 제거한 뒤 적당한 크기로 썰어요.

2 찜기에서 10분간 쪄요.

3 믹서에 넣어 곱게 갈아요.

TIP 소분한 퓌레는 냉장 보관하고 2~3일 내로 소진해요.

3회
분량

초기

사과퓌레

사과를 생으로 갈면 갈변이 되어 색이 변하지만 한번 쪄 낸 뒤 갈면 노란 빛깔을 그대로 유지해요. 배에 비해 섬유질이 많아 믹서에서 갈아낸 뒤 절구에서 한 번 더 빻아 곱게 만들어요.

Ingredients

- 사과 120g
  (껍질과 씨를 제거한 상태, 1/2개 분량)

—

- 미니 믹서
- 절구
- 찜기

1 사과는 껍질과 씨를 제거한 뒤 적당한 크기로 썰어요.

2 찜기에서 10분간 쪄요.

3 믹서에 넣어 곱게 갈아요.

4 남아있는 덩어리를 절구에서 한 번 더 빻아줘요.

3회 분량

초기

고구마퓌레

고구마의 달콤한 맛은 간식으로도 잘 어울려요.
수분이 적은 밤고구마보다는 물고구마나 호박고구마를 활용하면 농도 맞추기가 훨씬 수월하답니다.

Ingredients

- 고구마 100g
  (작은 크기 1개)
- 모유 또는 분유 20g

- 찜기
- 절구

1 고구마는 적당한 크기로 썰어요.

2 찜기에서 10분간 쪄요.

3 껍질을 벗겨낸 뒤 절구에서 곱게 으깨요.

4 모유나 분유로 촉촉하게 농도를 조절해요.

단호박퓌레

만들어둔 단호박큐브로 간식을 만들 수 있어요.
기호에 따라 고구마큐브나 감자큐브를 섞어도 좋아요.

Ingredients

- 단호박큐브 100g
- 모유 또는 분유 20g

1 단호박큐브를 해동해요.

TIP 단호박큐브를 모두 소진했다면 단호박을 통째로 쪄낸 뒤 껍질과 씨를 제외한 속살만 사용해요.

2 해동한 단호박큐브를 포크로 으깨요.

3 모유나 분유로 촉촉하게 농도를 조절해요.

중기 간식

중기부터는 다양한 간식을 먹을 수 있어요. 바나나는 부드럽게 으깨서 먹이면 좋아요.
배, 사과 등과 같은 과일은 아직 씹을 수 없으니 과즙망을 이용하는 방법도 있답니다.
떡뻥 같은 쌀 과자나 시판되는 아기 치즈도 생후 6개월 이후부터 먹을 수 있어요.

3회 분량

중기

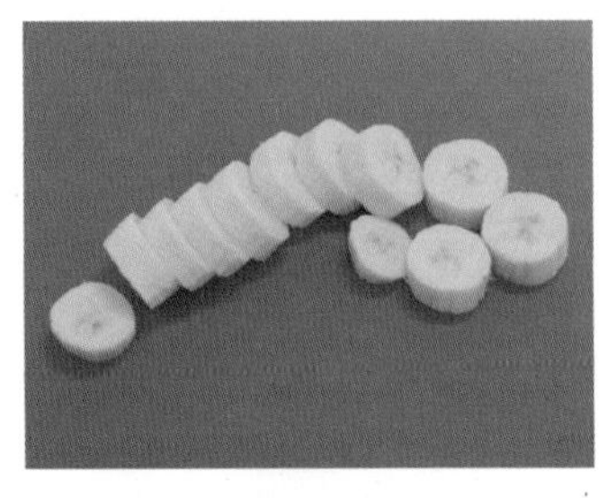

1 바나나는 껍질을 벗긴 뒤 위아래 꼭지를 잘라내고 적당한 크기로 썰어요.

2 절구에 담은 뒤 포크로 곱게 으깨요.

바나나퓌레

잘 익은 바나나는 원활한 배변 활동을 도와줘요. 초록빛이 도는 덜 익은 바나나는 변비를 유발할 수 있으니 검은 점이 많이 올라와 푹 익은 바나나를 사용해요.

Ingredients

- 바나나 1개

- 절구
- 포크

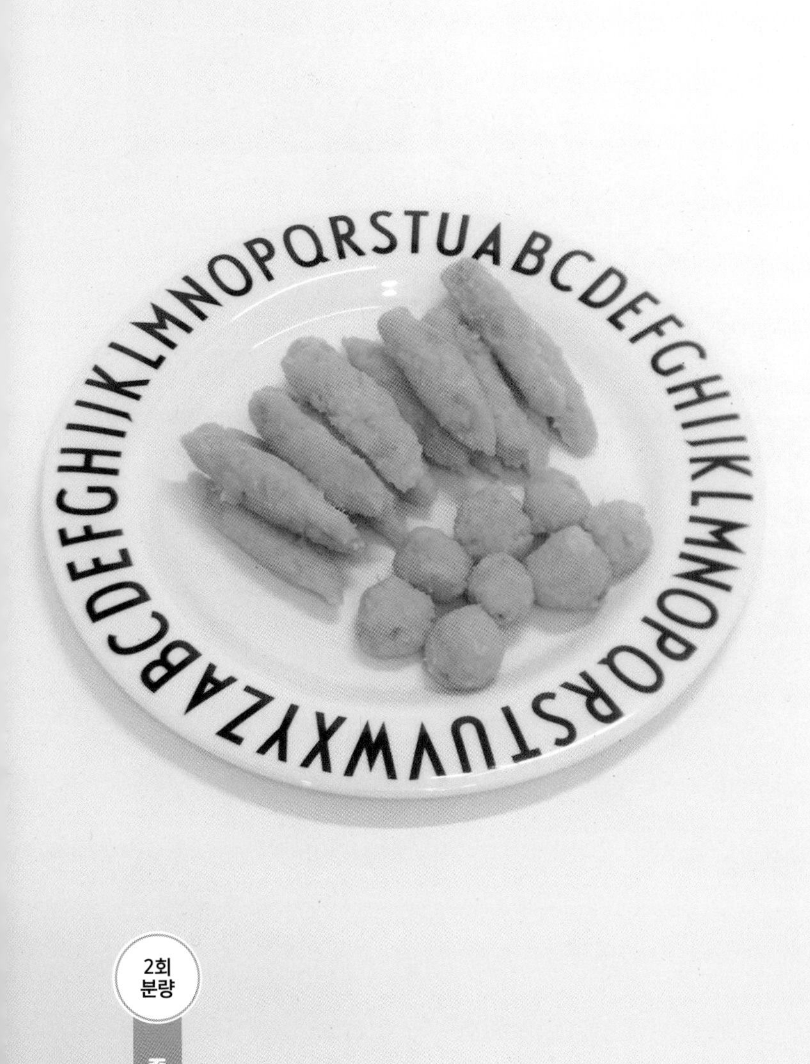

2회 분량

중기

고구마스틱

고구마스틱은 참 잘 먹어줬던 간식 중 하나예요. 조금 더 지나면 고구마를 으깨지 않아도 통째로 들고 먹게 된답니다. 포크로 같이 으깨는 놀이를 해 보는 것도 좋아요.

Ingredients

- 고구마 150g
  (작은 크기 2개)
- 분유 10g

- 절구
- 찜기
- 포크

1 고구마는 찜기에 10분 이상 쪄서 푹 익혀요.

2 껍질을 벗긴 뒤 절구에 담아 포크로 으깨요.

3 분유를 넣고 섞어 덩어리질 만큼 농도를 조절해요.

4 길쭉한 스틱 또는 동그란 모양으로 빚어요.

1잔 분량
(약 100ml)

중기

사과당근주스

사과만 갈아내는 것보다 궁합이 잘 맞는 당근을 함께 갈아주면 맛도 영양도 두 배가 된답니다. 사과에 따라 수분이 부족한 경우 생수를 조금 첨가해서 갈아줘도 좋아요.

Ingredients

- 사과 150g
  (껍질과 씨를 제거한 상태, 3/4개 분량)
- 당근 50g(2~3cm 길이)
- 물 50ml

- 미니 믹서
- 면보

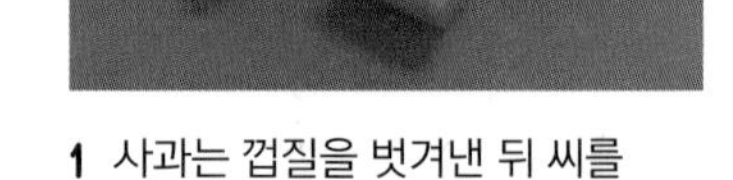

1 사과는 껍질을 벗겨낸 뒤 씨를 제거하고, 당근은 껍질을 벗겨요.

2 믹서에 사과, 당근, 물을 넣어 곱게 갈아요.

3 면보에 담아 즙을 짜요.

5회 분량

중기

배대추차

차게 먹어도 좋고 따뜻하게 먹어도 좋아요.
감기 기운이 있다거나 기침을 할 때 간식으로
주기 좋답니다. 조금 진하다고 느껴진다면 물을
더 섞어 주세요.

- 배 300g
  (큰 거 1개 분량)
- 말린 대추 30g
- 물 1L

- 체

1 배는 껍질과 씨를 제거하고 적당한 크기로 썰어요.

2 말린 대추는 물에 한번 씻은 뒤 씨를 제거하고 채 썰어요.

3 냄비에 배, 대추, 물을 넣고 센 불에서 끓인 뒤 끓어오르면 약불에서 30분간 끓여요.

4 체에 걸러요.

후기 간식

돌을 앞두고 있는 아기들의 다양한 입맛을 채워줄 수 있는 엄마표 간식을 만들어 주세요.
찹쌀을 이용해 떡을 간단하게 만들 수 있답니다.
아기 치즈를 활용해 영양까지 채워줄 수 있는 간식을 소개할게요.

2회 분량

후기

단호박치즈볼

후기 이유식에 진입하면 아기들의 자기 주도 욕구가 커져요. 이럴 때 핑거푸드 간식을 이용하면 즐거운 놀이가 된답니다. 달콤한 단호박에 치즈로 영양까지 더해 줬어요.

Ingredients

- 단호박큐브 60g
- 아기 치즈 1장

1 단호박큐브를 해동해요.

TIP 단호박큐브를 모두 소진했다면 단호박을 통째로 쪄낸 뒤 껍질과 씨를 제외한 속살만 사용해요.

2 해동한 단호박큐브에 아기 치즈를 올린 뒤 전자레인지에 30초 정도 돌려 고루 섞어요.

3 동그랗게 먹기 좋은 크기로 빚어요.

2개 분량

후기

분유찜케이크

분유를 활용한 분유빵, 분유찜케이크는
만들기 쉬운 빵이에요. 분유가 없다면
시판 팬케이크가루를 활용해도 좋아요.

Ingredients

- 우리밀 밀가루 50g
- 분유가루 50g
- 베이킹파우더 2g
- 배즙 또는 물 80g

- 실리콘 틀
- 찜기

1 밀가루, 분유가루, 베이킹파우더는 체에 한번 내려요.

2 1번에 배즙을 넣어 날가루가 보이지 않을 정도로만 섞어요.

TIP 너무 많이 섞으면 포슬한 식감이 나지 않아요.

3 반죽을 실리콘 틀의 80% 정도 부어요.

4 찜기에 넣어 5~6분간 쪄요.

TIP 꼬치로 찔러 반죽이 묻어나지 않으면 다 익은 거예요.

2회
분량

찹쌀경단

찹쌀경단은 서연이가 정말 좋아했던 간식 중 하나예요. 초기 이유식에서 사용하고 남은 찹쌀가루를 이용했어요. 익반죽을 할 때 뜨거우니 주의하세요.

Ingredients

- 찹쌀가루 80g
- 뜨거운 물 50g
- 시판 카스테라 1개(80g)

1 찹쌀가루에 뜨거운 물을 조금씩 부어가며 익반죽을 해요.

2 반죽이 하나로 뭉쳐지면 먹기 좋은 크기로 동그랗게 빚어요.

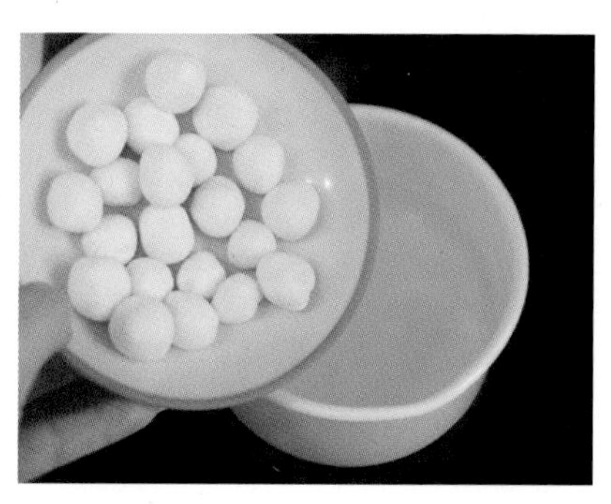

3 끓는 물에 넣고 떠오르면 건져 찬물에 식혀요.

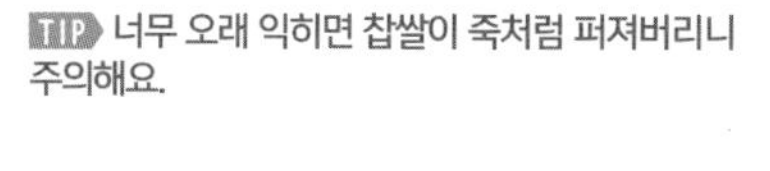

TIP 너무 오래 익히면 찹쌀이 죽처럼 퍼져버리니 주의해요.

4 카스테라는 갈색 부분은 잘라내고 손으로 비벼 가루를 내요.

5 카스테라가루에 경단을 굴려 가루를 묻혀요.

TIP 카스테라가루 대신 흑임자가루, 팥가루 등을 활용해도 좋아요.

완료기&유아식 간식

완료기부터는 시중에 나와 있는 다양한 간식들을 먹을 수 있어요.
아기 크래커나 아기 젤리 등의 간식들도 조금씩 줄 수 있답니다. 하지만 엄마의 정성이 담긴 간식이 맛도 영양도 더욱 좋겠죠? 제철 과일을 비롯해서 밀가루가 조금씩 들어가는 식빵 등도 좋아요.

1잔 분량

완료기

제철 과일스무디

지금까지는 과일을 갈아낸 즙만 마셨다면 이제부터는 제철 과일을 통째로 갈아서 스무디 형태로 즐길 수 있어요. 책에서는 청포도와 파인애플을 이용한 두 가지 스무디를 소개할게요. 얼음이 들어가기 때문에 갈아낸 뒤 잠시 두어 찬 기운이 가시면 먹여 주세요.

Ingredients

- 제철 과일 (파인애플 또는 청포도) 40g
- 물 20g
- 우유 20g
- 얼음 2알

- 믹서

1 제철 과일은 적당한 크기로 썰어요.

2 믹서에 얼음과 우유, 손질한 과일을 넣고 갈아요.

TIP 과일:물:우유=2:1:1 비율에 맞춰 곱게 갈아요.

20장 분량

완료기

블루베리팬케이크

블루베리는 항산화 성분이 풍부한 슈퍼 푸드로 달콤한 맛까지 더해주니 아기들이 좋아하는 과일 중 하나예요. 냉동 블루베리도, 생 블루베리도 모두 좋아요. 냉동을 넣는다면 실온에 두어 해동한 뒤 으깨 사용해요.

Ingredients

- 시판용 팬케이크가루 200g
- 달걀 1개
- 물 110ml
- 블루베리 50g

1 시판용 팬케이크가루, 달걀, 물을 섞어 반죽을 만들어요.

2 블루베리를 적당히 으깬 뒤 반죽에 넣어 섞어요.

3 프라이팬에 기름을 적당량 둘러 키친타월로 고루 닦아낸 뒤 약불에서 한 숟가락씩 떠 넣어 노릇하게 부쳐요.

단호박과 고구마는 이유식이나 유아식, 간식에 많이 활용되는 고마운 식재료예요. 잼 대신 건강한 스프레드로 활용할 수 있답니다. 남아있는 큐브가 없다면 단호박과 고구마를 쪄서 사용해요.

Ingredients

- 단호박큐브 30g
- 고구마큐브 30g
- 쌀식빵 2장
- 아기 치즈 1장

1 단호박큐브와 고구마큐브를 해동해요.

2 쌀식빵 가장자리를 잘라요.

3 식빵에 단호박큐브를 얇게 펴 바른 뒤 아기 치즈를 올려요.

4 그 위에 고구마큐브를 펴 바른 뒤 식빵을 덮고 한 입 크기로 썰어요.

10회 분량

완료기

연근칩

뿌리채소인 연근을 얇게 썰어 튀기면 바삭한 과자 같아요. 설탕이나 소금이 들어가지 않아 건강하게 즐길 수 있답니다. 오븐이나 에어프라이어를 이용해도 좋아요.

Ingredients

- 연근 400~500g
- 물 1L
- 식초 1T
- 기름 적당량

1 연근은 깨끗이 씻어서 껍질을 벗긴 뒤 최대한 얇게 썰어요.

2 물에 식초를 넣고 썰어둔 연근을 10분 정도 담가요.

3 연근을 체에 밭친 뒤 종이타월로 물기를 충분히 닦아요.

4 180도 정도로 달군 기름에 재빨리 튀겨 건져요.

Index

Index

큐브
밥솥 이유식

초판 1쇄 발행 2019년 7월 10일
초판 4쇄 발행 2021년 6월 1일

지은이 김정현
펴낸이 김영조
콘텐츠기획팀 권지숙, 김은정, 김희현
액티비티북팀 박유경
디자인팀 왕윤경
마케팅팀 이유섭, 박혜린
경영지원팀 정은진
외부스태프 디자인 렐리시
표지 촬영 이과용(15스튜디오)
펴낸 곳 싸이프레스
주소 서울시 마포구 양화로7길 44, 3층
전화 02-335-0385/0399
팩스 02-335-0397
이메일 cypressbook1@naver.com
홈페이지 www.cypressbook.co.kr
블로그 blog.naver.com/cypressbook1
포스트 post.naver.com/cypressbook1
인스타그램 싸이프레스 @cypress_book
스티커 아트북 @cypress_stickerartbook
출판등록 2009년 11월 3일 제2010-000105호

ISBN 979-11-6032-063-3 13590